蔬菜作物育种与栽培技术探究

李晓楠◎著

吉林科学技术出版社

图书在版编目（CIP）数据

蔬菜作物育种与栽培技术探究 / 李晓楠著. -- 长春:
吉林科学技术出版社, 2023.5
ISBN 978-7-5744-0494-6

Ⅰ. ①蔬… Ⅱ. ①李… Ⅲ. ①蔬菜园艺 Ⅳ. ①S63

中国国家版本馆 CIP 数据核字(2023)第 105682 号

蔬菜作物育种与栽培技术探究

作　　者　李晓楠
出 版 人　宛　霞
责任编辑　赵　沫
幅面尺寸　185mm×260mm
开　　本　16
字　　数　281 千字
印　　张　12.5
版　　次　2023 年 5 月第 1 版
印　　次　2023 年 5 月第 1 次印刷

出　　版　吉林科学技术出版社
发　　行　吉林科学技术出版社
地　　址　长春市净月区福祉大路 5788 号
邮　　编　130118
发行部电话/传真　0431-81629529　81629530　81629531
81629532　81629533　81629534
储运部电话　0431-86059116
编辑部电话　0431-81629518
印　　刷　北京四海锦诚印刷技术有限公司

书　　号　ISBN 978-7-5744-0494-6
定　　价　75.00 元

前　言

我国是一个农业大国，农业发展的历史十分悠久，早在汉代就有了作物育种与作物栽培的相关文献记载。随着社会的进步和科学技术的发展，我国的种子产业市场经济迅猛发展，作物优良品种在农业生产上的作用愈发明显，农作物育种工作始终保持了持续发展的势头。改革开放40多年来，我国作物品种选育和推广受到各级政府的高度重视，育种单位持续不断地选育出许多适应当地农业生产需要的优良新品种，取得了一大批作物育种成果。优良的品种是发展农业生产的基础，随着我国种业集团的不断发展壮大，优良品种的重要作用也越来越明显了。

本书首先从作物育种的目标出发，介绍了作物的繁殖方式与育种、蔬菜种子的采种与栽培技术以及蔬菜育苗技术，同时详细论述了番茄、辣椒、茄子、萝卜、白菜等主要蔬菜的育种手段。其次从温度、光照、湿度、土壤等方面阐述了设施环境调控技术，以及水肥一体化栽培技术。最后介绍了植株调整技术、保花保果技术以及蔬菜高效栽培模式等内容。本书重视知识的系统性和先进性，结构严谨，条理清晰，层次分明，重点突出，通俗易懂，具有较强的科学性、系统性和指导性；旨在摸索出一条适合蔬菜作物育种与栽培的科学道路，帮助其工作者在应用中少走弯路，运用科学方法，提高效率；对蔬菜作物育种与栽培技术探究有一定的借鉴意义。

本书在编写的过程中，参阅了国内外的大量相关文献，对所涉及的专家学者表示衷心的感谢！由于编者水平有限，书中难免存在疏漏之处，敬请广大读者批评指正。

作者

2023年×月

目　录

第一章　作物育种基础

第一节　作物育种目标

一、作物育种目标的概念

作物育种目标是指在一定的生态环境、耕作栽培和经济条件下，对所要育成作物品种的要求，即对所要育成的作物品种的一系列优良性状指标的具体要求。

（一）作物育种的主要目标

高产、优质、稳产（多抗）、成熟期适宜、适应机械化五个目标是现代农业对各种作物品种的共同要求，也是作物育种的主要目标。但是，在实际育种工作中，这五个主要目标的重要性因年代、地区和作物种类的不同而不同，在不同的地区针对具体作物而有主次之分。

（二）作物育种目标决定着育种的成败

育种目标的高低，决定着育种原始材料的选择、育种方法的确定和育种年限的长短。育种目标制定得越高，所涉及的目标性状越多，目标性状的遗传基础越复杂，育种成功的可能性越小，育种时间越长；反之，育种目标制定得越简单，育种成功的可能性越大，育种时间越短。例如，高产育种要选择具有高产基因的原始材料，产量性状是数量性状，所涉及的基因比较多，遗传基础较复杂，育种年限比较长。而抗病育种则要选择具有抗病性状的原始材料，抗病性状是单基因的质量性状，可采用回交或诱变的方法，育种时间比较短。

（三）作物育种目标是动态变化的，但在一定时期内又是相对稳定的

作物育种目标不是一成不变的，它随着生态环境的变化、社会经济的发展以及种植制度的变化等因素而进行调整，也会随着人民生活水平的提高而改变。作物育种目标体现了

育种工作在一定时期的方向和任务，育种工作是一项长远、连续、艰苦的工作。因此，在一定时期内育种目标又是相对稳定的。

二、制定作物育种目标的意义

在实际作物育种工作中，要进行某种作物育种工作之前，必须首先制定一个具体可行的育种目标。有了具体的育种目标，育种者就可以根据育种目标进行以下工作：有目的地收集种质资源；确定品种改良的对象和方法；有计划地选配亲本；确定对育种材料的选择标准、目标性状鉴定方法和育成品种的栽培条件。

由此可见，作物育种目标是育种工作的依据和指南。如果育种目标定得不合理，忽高忽低，或者不够明确具体，则育种工作必然是盲目进行的，难以育成有突破性的品种。

三、作物育种的主要目标

（一）高产

我国人口多、耕地少，要解决粮食安全问题必须要提高单产，因此，高产是优良品种的最基本要求。不同作物因收获器官的差异，有不同的产量评价标准。例如，禾谷类和豆类的产量指籽粒产量；棉花的产量指皮棉产量；马铃薯的产量指块茎产量；甜菜和甘薯的产量指块根产量。作物高产品种必须有最佳的产量构成因素、合理的株型和库源关系等。

1. 作物产量构成因素

一个作物产量构成因素之间能否有效地协调增长决定了其产量的高低。禾谷类作物的产量构成因素有单位面积穗数、穗粒数和粒重。豆类和油菜的产量构成因素有单位面积株数、每株荚数、每荚粒数和粒重。棉花的产量构成因素有单位面积株数、每株铃数、铃重和衣分（皮棉/籽棉）。单位面积产量是产量各个构成因素的乘积。在某作物品种产量较低时，同时提高各产量构成因素比较容易；但当其丰产潜力达到一定水平时，各产量构成因素之间是相互制约的，常有一定程度的负相关。因此，在实际育种中，应通过提高影响产量的主要构成因素，来不断提高产量。同一作物，不同高产品种产量构成因素的主次也是不同的。例如，小麦有三种不同的高产类型：多穗型品种——以增多穗数为基础，选分蘖力强、分蘖成穗率高、单位面积穗数多的品种（大于50万穗/亩，如烟农15）；大穗型品种——以增加穗重为主，选穗数较少、穗粒数较多、千粒重较高的品种（30万穗/亩，如烟辐188）；中间型品种——亩穗数、穗粒数、粒重同时并增（40万~45万穗/亩，如济麦22、烟农24）。三种类型品种只要栽培技术得当，都能获得高产。不同的栽培地区可以根据栽培生态条件选择适合的高产品种类型。例如，北方冬麦区，气候寒冷、干旱，病虫害较轻，以多穗型为主；南方冬麦区，气候温暖、多雨，病害重，以大穗型品种为主；黄淮冬麦区，以选择中间型品种为主。在一般条件下，各种作物在低产条件下，群体不足，个体发育不良，提高产量的关键是增加群体数量。在高产条件下，各种作物都已达到较大群体，在群体与个体的矛盾中，适当促进个体发育应作为高产的突破点。

2. 作物理想株型

作物株型通俗说就是植株的长相。不同作物所要求的合理株型不完全相同。禾谷类作物的合理株型：矮秆、半矮秆，株型紧凑，叶片直立（叶片的大小及叶片与茎秆的夹角从上到下逐渐加大）、叶厚、窄短，叶色较深，且保绿时间长等。矮化育种是株型改良的一个重要内容。矮秆品种不仅抗倒力强，而且可以加大密度，提高经济系数和有效地利用水肥，丰产潜力大。为了提高作物产量，各国都很重视矮秆品种的选育。但作物植株太矮，生物产量不够，生长量太小，丛生郁蔽，透光性差，利用空间有限，不利于群体光能利用。棉花的合理株型：株型较紧凑，主茎节间稍长，果枝节间较短，果枝与主茎夹角小，叶片中等，着生直立。

多数研究表明，植物的株高与生物产量一般呈显著的正相关。一般认为：在确保不倒伏的情况下，有必要适当增加株高以增加产量。目前，高产育种提出的合理株高水稻为 1 m 左右；小麦为 70~90 cm（例如，济麦 22 号的株高 71.6 cm，烟农 24 号的株高 79.8 cm）；玉米为 230~280 cm（例如，登海 661 的株高 232 cm；郑单 958、中科 11、蠡玉 35 和登海 605 的株高均在 250 cm 左右；丹玉 86、鲁单 981、青农 105、农大 108 和登海 662 的株高均在 280 cm 左右）。作物品种株高适中不但可以确保产量，还可以增加品种的适应性，扩大种植面积。例如，玉米西玉 3 号株高太矮和登海 11 株高太高且不抗倒伏，产量都不高，并且推广面积都不大；而郑单 958 的株高适中，耐密性好，适应性广，产量高，在推广的玉米品种中累计推广面积最大。

作物株型好，叶子厚，叶绿素含量高，因此，制造的光合产物多，作物产量就高。叶片直立，叶片与茎秆的夹角小，透光性好，增加光照面积，中下层叶也能接收阳光，适合密植。例如，玉米有三种株型：平展型、紧凑型和中间型。平展型的玉米叶片宽大、平展，晚熟，株型松散、高大，2800~3000 株/亩，代表品种有丹玉 13 等品种。紧凑型的玉米叶片上冲，株型紧凑，4000~5500 株/亩，代表品种有莱农 14 和鲁玉 10 等品种。中间型的玉米穗位以上紧凑，穗位以下平展，4000 株/亩，代表品种有郑单 958 和先玉 335 等品种。

3. 作物光合效率

合理株型是作物高产品种的形态特征，高光合效率是高产品种的生理基础。高光合效率育种是通过提高作物本身的光合效率和降低呼吸消耗来提高作物产量的方法。

经济产量与光合效率间的关系：

经济产量＝（光合面积×光合效率×光合时间－呼吸消耗）×经济系数

前三项代表光合产物的生产，减去呼吸消耗，即为生物学产量。一个高产品种应具备的特征有：叶面积适当，光合效率高，叶面积保持时间长，呼吸消耗低，经济系数高等特点。从作物生理指标分析，较快达到最大叶面积系数、有效叶面积保持时间长、光合产物较早向籽粒转移是作物高产品种应具备的生理指标。这些生理指标主要用于生理研究和种质资源的筛选，难以适应育种过程的要求。经济系数（又称收获指数），是指经济产量与生物学产量之比。自 20 世纪 80 年代以来，水稻、小麦、玉米等粮食作物的经济系数由 35%左右提高到了 50%左右，经济系数可作为高产育种的一项选择指标。稻麦等现有高产品种的经济系数已近于高限。

（二）优质

随着人民生活水平的提高，对优质（品质性状）农产品的要求日益迫切。新育成的品种，不仅要求高产、稳产，而且还应具有更好的品质。作物品质性状因作物种类不同而不同，即便是同一作物的产品，用途不同，要求的品质也不同。

1. 与产量相关的品质性状

某些品质性状与产量直接相关，是构成产量的重要因素。例如，谷物的碾磨品质好，其产量也高，稻谷的糙米率（78%左右）、精米率（70%左右）、整粒精米率（碎米少）的高低决定作物最终的产量。小麦的出粉率与容重关系大，容重高出粉率高（粒短、饱满度好），大于 790 g/L 为一级麦。油料作物种子中的含油量，甘薯块根的切干率，这些性状对产量的高低有直接的影响。

2. 与营养相关的品质性状

改良作物品质（营养品质），有利于保证人畜健康。改良作物营养品质常指对人有利的营养成分的提高和不利成分的减少。随着人们生活水平的提高和对健康的重视，人们对食物品质的要求也越来越高。而食物品质的提高主要是食物原材料品质的提高，通过育种可以改进作物营养品质。例如，谷物作物主要是提高谷物籽粒中蛋白质及赖氨酸（Lys）的含量，以增加食物的营养品质。小麦蛋白质约含 12%，主要为胶蛋白，Lys 0.7%，Lys 含量相对低一些；大米蛋白质约含 8%，主要为谷蛋白，Lys 2.3%，Lys 含量相对高一些。所以小麦与大米的营养价值差不多。棉籽富含蛋白质和脂肪，棉籽的油酸和亚油酸含量高，品质较好。但一般品种均含有棉酚，对人类和单胃动物有害。如育成不含棉酚的品种，可大大增加蛋白质和油脂利用率，人畜食用后不会受毒害，使棉花成为粮、棉、油兼用的作物。油菜籽，提高含油量的同时，不仅要降低芥酸和亚麻酸含量，而且还要降低菜籽饼中硫代葡萄糖苷含量。大豆改善品质主要是提高含油量（中国大豆品种含油量为19%~21%，而美国品种含油量可达22%），同时降低亚油酸含量，因为亚油酸易氧化产生怪味而影响食用品质。花生由于含有维生素E（生育酚），是很好的抗氧化剂，具有抗氧化作用，耐贮藏性好；但是要求油酸/亚油酸>1.4。

3. 影响加工的品质性状

在食品加工中，不同用途的优质品种的选用，对现代作物育种提出了新的要求。专用优质品种的选育也是现代育种的一个发展趋势。

①小麦面粉。根据小麦面粉的加工用途可将小麦分为：强筋小麦（蛋白质>14%，湿面筋>35%），适于制作面包；中筋小麦，适于制作馒头、面条；弱筋小麦（蛋白质<8%~9%、湿面筋<20%），适于制作饼干、糕点。

②优质专用玉米。玉米在食用和加工中对品质也有不同要求，可将玉米分为甜玉米、糯玉米（支链淀粉）、高直链淀粉玉米、高油玉米、爆裂玉米、青贮饲料玉米等。

③稻米。不同品种稻米的蒸煮品质不同。例如，粳稻蒸煮的出饭率低，耐煮性一般（糊化温度低），米饭柔软；而籼稻蒸煮的出饭率高，耐煮性强（糊化温度高），米饭硬。从理化指标分析，直链淀粉含量适量，糊化温度中等，胶稠度要长。

④棉花。棉花的纤维品质包括纤维长度、纤维细度、纤维强度、纤维成熟度等性状，这些性状决定纺织品的质量。

（三）稳产（多抗性）

1. 对病虫害的抗性

病虫害的危害对植物的产量和品质都有严重影响。在生产中，为防治病虫害而大量使用化学药剂，不仅提高了生产成本，而且带来残留危害、食品安全和环境污染等问题。因此，抗病虫作物品种的培育是防止病虫害最经济、最有效和最安全的途径。作物的病虫害种类繁多，同一作物在不同环境中主要病虫害也不同，例如，小麦抗病育种总的要求是选育高抗锈病、白粉病的品种；但在南方主要应选育抗赤霉病的品种，而在北方主要应选育抗锈病的品种。在同一环境中，不同作物的主要病虫害种类不同，在我国，水稻主要是培育抗稻瘟病、白叶枯病、稻飞虱的品种；玉米育种要求选育抗大叶斑病、小叶斑病、丝黑穗病、穗腐病、青枯病和玉米螟的品种；棉花育种应选育抗枯萎病、黄萎病及抗棉铃虫、蚜虫的品种；大豆育种应选育抗病毒病、线虫病和食心虫、豆秆黑潜蝇的品种；甘薯育种应选育抗黑斑病、茎线虫病的品种；油菜应选育抗病毒病、菌核病、蚜虫的品种；结球白菜育种应选育抗霜霉病、软腐病、病毒病和黑腐病的品种等。

由此可见，作物抗病虫育种应结合生态环境和栽培制度抓主要病虫害，要注意解决抗性和丰产优质的矛盾、多抗（抗几种病）育种与兼抗（既抗病又抗虫）育种及品种抗性的持久性等问题。

2. **对环境胁迫的抗（耐）性**

作物的环境胁迫因素可分为温度胁迫、水分胁迫和土壤矿物质胁迫等。温度胁迫分为高温胁迫和低温胁迫；干旱分为大气干旱和土壤干旱；矿物质胁迫有盐碱土和酸性土。我国的地域广泛，气候和土壤条件十分复杂，环境胁迫的种类也不尽相同。因此，抗逆育种应根据不同地区的主要环境胁迫因素进行选育抗性品种。不同作物抗逆的目标要求也不同。例如，谷物作物品种的抗旱性要求根系发达、吸收能力强、叶面积相对较小、分蘖成穗率高和结实性好；另外，北方麦区应重视抗冻性（小麦分冬性、半冬性、春性）。

3. **抗倒伏性**

对于禾谷类作物来说，抗倒伏性也是影响作物稳产的重要性状。倒伏不仅降低作物产量，而且影响作物品质，不利于机械化收获。而造成倒伏的原因很多，例如，植株高大，茎秆强度差、韧性差，根系不发达，等等。也有病虫害的原因。因此，矮化育种、抗病虫害育种都会增加作物的抗倒伏性。

4. **广泛的适应性**

作物的稳产性要求作物具有广泛的适应性。作物适应性是指作物某品种对不同生产和环境条件的适应程度和范围。在一般情况下要求适应性广的品种不仅种植的地区广泛、推广面积大，而且要在不同年份和地区间产量保持稳定。广适应性的品种一般属于光温反应不敏感型。

（四）生育期适宜

现代作物生产对作物育种的要求很高，既要求所育成品种能充分利用当地生长期的光、热资源，获得高产，同时满足复种需要，又能避免或减轻自然灾害的危害。

适宜的成熟期对于很多作物扩大种植范围是一个非常重要的育种目标；适当早熟是许多地区高产、稳产的重要条件。例如，在我国的一些高纬度的地区（东北、西北地区的北部和一些丘陵地区）无霜期短，秋季作物具有周期性低温冷害，须选育生育期短的早熟品种。在一些一年两熟制或一年三熟制地区（华北、黄淮平原等），为了提高复种指数，也需要早熟品种。早熟品种可以避免或减轻某些自然灾害的危害。北方麦区在小麦成熟期间，常遇到干热风，使小麦青干，粒重下降而减产；因此，选育早熟品种，可减轻危害。

但是，早熟品种产量往往偏低。所以，对早熟性的要求要适当，不要片面追求早熟。如黄河流域棉区，中熟棉花品种以 130~135 d 为宜；麦套棉以 110 d 左右为宜。

（五）适应机械化作业

随着农村劳动力的减少和新型农村的种植经营规模不断扩大，为了提高劳动效率，使农民增收，农业生产的机械化程度将会越来越高。因此，在制定育种目标时就要充分考虑所育成的新品种一定要适宜机械化生产。

适应机械化生产的新品种要求株型紧凑，秆硬不倒，生长整齐，株高一致，结实部位适中，成熟一致，不裂荚，不脱粒。例如，水稻、小麦品种应该是株高一致，抗倒伏；棉花品种要求吐絮早而集中，苞叶自动脱落，铃壳含絮力低等；玉米要求穗部整齐度高，穗位适中（株高 2.5 m、穗位 1.2 m 左右）。

第二节　种质资源

一、种质资源在育种上的重要性

种质，又叫遗传质，是将遗传信息从亲代传递给子代的遗传物质的总称，是控制生物本身遗传和变异的内在因子。种质资源是在漫长的生物进化过程中，经过长期自然演化和人工创造而形成的一种重要的自然资源，包含着各种各样、形形色色、极其丰富的遗传变异，蕴藏着控制各种性状的基因。植物多样的种质资源是人类赖以生存和农、林、牧业得以持续发展的物质基础，更是实施各个育种途径的原材料。目前，种质资源的多样性面临严重危机，抢救和妥善保存遗传资源已迫在眉睫，1992 年联合国在巴西召开环境与发展大会并签署了国际性的《生物多样性公约》，提出到 2050 年实现生物多样性可持续利用和惠益分享，实现“人与自然和谐共生”的美好愿景。种质资源在植物育种中的作用主要表现在以下四个方面：

（一）种质资源是现代育种的物质基础

在漫长的生物进化与人类文明发展过程中，野生植物先被驯化成多样化的原始作物，经种植选育变为各种各样的地方品种，再通过对自然变异、人工变异不断的自然选择与人工选择育成符合人类需求的各类新品种。正是由于已有种质资源具有满足不同育种目标所需要的多样化基因，才使得人类的不同育种目标得以实现。

在现有种质资源中，任何品种和生物类型都不可能具备与社会发展完全适应的优良基因，但可以通过选育有效地将分别具有某些或个别育种目标所需特殊基因进行综合而育成新品种。例如，从种质资源中筛选对某种病害的抗性基因和优良的矮秆基因，将二者结合育成抗病、矮秆新品种。这也正是作物育种工作的实质，即按照人类意图对多种多样的种质资源进行各种形式的加工改造。在这个过程中，育种途径的发展和新技术的应用固然重要，但是其关键还在于种质资源的广泛搜集、深入研究和合理利用。而且随着育种技术和方法的不断革新和进步，育种工作越向高级阶段发展，种质资源深入研究和充分利用的重要性就越加突出。育种工作者拥有种质资源的数量与质量，以及对其性状表现和遗传规律的研究深度和广度是决定育种成效的主要条件，也是衡量其育种水平的重要标志。

（二）稀有特异种质对育种成效具有决定性的作用

从近代作物育种的显著成就来看，突破性品种的育成及育种上的突破性成就几乎无一不决定于关键性优异种质资源的发现与利用。例如，小麦矮源“农林 10 号”和水稻籼稻矮源“低脚乌尖”推动了世界范围的“绿色革命”，玉米高赖氨酸突变体“opaque-2”大大改良了玉米的营养品质，油菜波利马细胞质雄性不育系促进了杂交油菜的快速发展，野败型雄性不育籼稻促进了籼型水稻杂交种的选育和利用等。

未来作物育种上的重大突破仍将取决于关键性优异种质资源的发现与利用。一个国家与单位所拥有种质资源的数量和质量，以及对所拥有种质资源的研究程度，将决定其育种工作的成败及其在遗传育种领域的地位。种质资源可从以下几个途径获得：

①挖掘现有资源潜力，从地方资源、野生资源中寻求可利用的优异资源。我国种质资源丰富，已发现了许多特异珍贵种质资源，如小麦太谷显性核不育材料，水稻广亲和材料，水稻、油菜、谷子、大麦、小麦的光温敏雄性不育材料及核质互作雄性不育材料，玉米、大豆、谷子的细胞质雄性不育材料，等等。

②利用各种渠道从国外引进、鉴定、筛选和改良创新可利用资源。例如，玉米育种上引进的热带材料包含了玉米起源中心的一些优异特异种质，对其细加改良创新，必将推动我国玉米育种事业发展。

③应用各种方法创造优异种质资源，比如品种间杂交、远缘杂交、理化诱导、生物工程技术等手段。

获得大量种质资源后，要对其优异性状受控基因的遗传变异规律，以及在杂种后代的表达力、遗传力、配合力等进行详尽研究，确定其利用价值，为育种提供种质资源利用的各种信息。

（三）新的育种目标能否实现决定于所拥有的种质资源

随着社会经济的发展、人类文明进程的加快和物质生活水平的不断提高，作物育种目标正在不断更新。新的育种目标能否实现取决于育种者所拥有种质资源的数量和质量，以及对其性状表现、遗传规律研究的广度和深度。例如，特用作物新品种、适于机械化生产的新品种、资源高效利用与环保型作物品种、适于农业可持续发展的作物新品种等育种目标能否实现就决定于育种者所拥有种质资源的情况。

因为现有作物都是在不同历史时期由野生植物驯化而来的，所以，种质资源还是不断发展新作物的主要来源。现在和将来都会继续不断地从野生植物资源中驯化出更多的作物，以满足人类随着生产和生活水平的提高而出现的特殊需求。例如，在油料、麻类、饲料和药用等植物方面，常常可以从野生植物中直接选出一些优良类型，进而培育出具有经济价值的新作物或新品种。

（四）种质资源是生物学理论研究的重要基础材料

种质资源不但是选育新作物、新品种的物质基础，也是生物学研究必不可少的重要材料。不同的种质资源，来源于不同生态区域，具有不同的生理和遗传特性，对其进行深入研究，有助于阐明作物的起源、进化、演变、分类、形态、生态、生理和遗传等方面的问题，为育种工作提供理论指导，克服盲目性，增强预见性，变经验育种为分子设计育种，从而提高育种成效。

二、种质资源的类别及特点

作物种质资源的类型、来源很多，为了便于研究与利用，有必要加以分类。作物种质资源可以根据作物类别、植物分类学、生态类型、亲缘关系及其来源进行分类。从遗传和育种的角度看，按亲缘关系与来源进行分类较为合理。

（一）根据亲缘关系分类

每类资源中常包括育种中可以利用的近缘种，按彼此间的可交配性与转移基因的难易程度，即在育种中利用的难易程度，将种质资源分为三级基因库：

1. 初级基因库

库内的各资源材料间能相互杂交，正常结实，无生殖隔离，杂种可育，染色体配对良好，基因转移容易。一般为同一种内的材料。

2. 次级基因库

此类资源间存在一定的生殖隔离，杂交不实或杂种不育，但借助特殊的育种手段可以实现基因的转移。一般为种间材料和近缘野生种，如大麦与球茎大麦，现代栽培玉米与摩擦禾。

3. 三级基因库

亲缘关系更远的类型，彼此间杂交不实和杂种不育现象十分严重，基因转移困难。一般为远缘种属，如水稻与大麦，水稻与油菜。

（二）按照来源分类

在实际工作中，往往按照来源将其分为四类：

1. 本地种质资源

本地种质资源是指在当地的自然和栽培条件下，经长期的栽培和选育而得到的作物育种材料和作物品种，是育种工作最基本的原始材料。其中，作物品种包括古老的地方品种、当前推广的改良品种以及过时品种。它们有以下四个特点：对当地自然条件和生态特点具有高度适应性；反映了当地人民生产和生活的需要；类型丰富，并具有独特的优良性状；古老的地方品种，不耐肥水，产量较低。

2. 外地种质资源

外地种质资源是指由国内不同气候区域或由国外引进的植物品种和类型。此类种质资源具有不同的生物学、经济学和遗传性状，某些性状是本地种质资源所不具备的，特别是来自起源中心的材料，集中反映了遗传的多样性。但是这类种质资源可能在育种工作中不好直接利用，必须进行必要的选择和改良创新，是改良本地品种的重要材料。主要有以下特点：能反映各自原产地区的自然条件和生产特点；多数外地种质资源对本地条件适应性差。

3. 野生种质资源

野生种质资源主要指现代作物的野生近缘种和有价值的野生植物（如与作物近缘的杂草）。这类种质资源是在特定的自然条件下，经过长期的自然选择而形成的，往往具有一般栽培种所缺少的某些重要性状，如顽强的抗逆性、对不良条件的高度适应性、独特的品质等。可以通过远缘杂交及现代生物技术将优良特性转入作物，是培育新品种的宝贵材料。

4. 人工创造的种质资源

自然界已有种质资源虽然丰富多彩，但都是以种群生存为第一需要而在环境选择下形成的，符合现代育种目标要求的理想种质资源是有限的。现代作物育种，还应通过（远缘）杂交、理化诱变、基因工程等手段创造各种突变体或中间材料，即人工创造种质资源。这些材料多具有某些缺点而不能成为新品种，但具有一些明显的优良性状，含有丰富的遗传变异，是培育新品种和进行有关理论研究的珍贵材料。人工创造的种质资源会随着育种技术的不断进步而日益增加，它的特点随创造的资源类型而有所不同。

三、种质资源的收集、整理、保存、研究与利用

种质资源的主要研究内容包括收集、整理、保存、鉴定、创新和利用。在相当长的时期内我国农作物品种资源研究工作重点仍将是 20 字方针，即“广泛收集、妥善保存、深入研究、积极创新、充分利用”，为农作物育种服务，为加速农业现代化建设服务。

（一）种质资源的搜集

1. 广泛搜集种质资源的必要性和紧迫性

为了更好地保存和利用自然界生物的多样性，丰富和充实育种工作和生物学研究的物质基础，必须把广泛发掘和搜集种质资源作为种质资源工作的首要任务。其理由如下：

（1）实现新的育种目标必须有更丰富的种质资源

作物育种目标是随着农业生产的不断发展和人民生活水平的不断提高而不断改变的。现代育种工作的突破迫切需要更多更好的种质资源，来实现现代社会对良种提出的越来越高的要求。

（2）为满足人类需求，必须不断地发展新作物

地球上有记载的植物约有 20 万种，其中陆生植物约 8 万种，然而只有 150 余种被用以大面积栽培，而世界上人类粮食的 90%只来源于约 20 种植物，其中 75%由小麦、水稻、玉米、马铃薯、大麦、甘薯和木薯 7 种植物提供。总之，人类目前利用的植物资源还很少，发掘植物资源、发展新作物的潜力是很大的。发展新作物是满足人口增长和生产发展需要的重要途径，据估计，如果能充分利用所有植物资源，全世界可养活 500 亿人。

（3）许多宝贵种质资源大量流失，急待发掘保护

种质资源的流失又称为遗传流失，其发生是必然的。自地球上出现生命至今，约有 90%以上甚至 99%以上的物种已不复存在。这主要是由物竞天择和生态环境改变造成的。现代工业、城市建设等人类活动加快了种质资源的流失，使得大量生物物种濒临灭绝的边缘，尤其是野生近缘植物遭受到更大的威胁。科学研究证实，因为人类活动造成的影响，物种灭绝速度比自然灭绝速度快了 1000 倍，目前平均每小时就有一个物种灭绝。这些种质资源一旦从地球上消灭，就难以用任何现代技术重新创造出来，必须采取紧急有效的措施来发掘、搜集和保护现有的种质资源。

（4）避免新品种遗传基础的贫乏，克服遗传脆弱性

大多数农作物是一万年来从野生种栽培驯化而来的，在漫长的驯化过程中，人类强大的选择压力使农用植物的多样性发生急剧变化。特别是二战以来单纯追求产量，使作物品种单一化，推广品种遗传基础十分狭窄的问题更加突出。贾继增等用分子检测的方法证明了现代选育品种的遗传多样性最差，地方品种较好，野生种（含野生近缘植物）遗传多样性最丰富。遗传多样性的大幅度减少和品种单一化程度的提高必然导致对病虫害抵抗能力的遗传脆弱性。即一旦发生新的病害或寄生物出现新的生理小种，作物即失去抵抗力，并最终导致病虫害严重发生进而危及国民生计。克服品种遗传脆弱性的关键是在育种过程中利用更多的种质资源，拓宽新品种的遗传基础，增加物种的遗传多样性。

2. *搜集种质资源的方法*

搜集种质资源的方法有四种，即直接考察收集、征集、交换、转引。无论采用哪种方法，首先都要有一个明确的计划，包括目的、要求、步骤、拟搜集的地区和单位等。

（1）直接考察收集

直接考察收集是指到野外实地考察收集，多用于收集野生近缘种、原始栽培类型与地方品种。栽培类型的收集以品种为对象，主要着重品种的典型性；而野生类型的收集以变种、变型为对象，在注意类型基本特征的基础上注重遗传多样性。直接考察收集是获取种质资源最基本的途径，常用的方法为有计划地组织国内外的考察收集，其中要考虑收集对象的多样性中心。种内多样性中心常集中在该植物的发源地及栽培历史悠久的生产区；而种间多样性中心决定于种的自然分布，有时远离作物发源地。种质资源应尽量收集客观存在的遗传多样性，因此除到作物起源中心和各种作物野生近缘种众多的地区去考察采集外，还可到本国不同生态地区及种植方式和管理技术差别较大的地区进行考察收集。

（2）征集

征集是指通过通信等方式向国内外有关单位或个人有偿或无偿索求所需种质资源；是获取种质资源花费最少、见效最快的途径。

（3）交换

交换是指育种工作者彼此互通各自所需的种质资源。

（4）转引

转引一般是指通过第三者获取所需要的种质资源，如我国小麦 T 型不育系就是通过转引方式获得的。

由于国情不同，各国收集种质资源的途径和着重点也有所不同。资源丰富的国家多注

重本国种质资源的收集，资源贫乏的国家多注重外国种质资源的征集、交换与转引。我国的作物种质资源十分丰富，目前和今后相当一段时间内仍主要着重于收集本国的种质资源，同时也应注意发展对外的种质交换。

（二）种质资源的整理

收集到的种质资源，应及时整理。首先应将样本对照现场记录，进行初步整理、归类，将同种异名者合并，以减少重复；将同名异种者予以订正，给以科学的登记和编号。中国农业科学院国家种质库对种质资源的编号办法如下：第一，将作物划分成若干个大类，Ⅰ代表农作物，Ⅱ代表蔬菜，Ⅲ代表绿肥、牧草，Ⅳ代表园林、花卉；第二，各大类作物又分成若干类，1 代表禾谷类作物，2 代表豆类作物，3 代表纤维作物，4 代表油料作物，5 代表烟草作物，6 代表糖料作物；第三，具体作物编号，1A 代表水稻，1B 代表小麦，1C 代表黑麦，2A 代表大豆等；第四，品种编号，1A00001 代表水稻某个品种，UB00006 代表小麦某个品种，JC00001 代表黑麦某个品种等。

此外，还要进行简单的分类，确定每份材料所属的植物分类学地位和生态类型，以便对收集材料的亲缘关系、适应性和基本生育特性有个概括的认识和了解，为保存和做进一步研究提供依据。随着计算机及网络技术的日益普及，及时建立种质资源信息检索数据库将大大提高种质管理使用效率。

（三）种质资源的保存

种质保存是指利用天然或人工创造的适宜环境保存种质资源，目的是维持样本的一定数量与保持各样本的生活力及原有的遗传变异性。从狭义上讲，保存主要采用自然（原生境保存）和非原生境相结合的办法。原生境保存是指在原来的生态环境中，就地进行繁殖而保存种质，如通过建立自然保护区或天然公园等途径保护野生及近缘植物物种。非原生境保存是指种质保存于该植物原生态生长地以外的地方，如低温种质库的种子保存、田间种质库的植株保存以及试管苗种质库的组织培养物保存等。目前，我国已初步建成了作物种质资源的保存体系。

保存种质资源涉及种质资源的保存范围与保存方法两方面，并且这两方面会随着研究的不断深入和技术的不断完善而有变化。

1. 种质资源的保存范围

根据目前条件，应该先考虑保存以下几类：

①有应用研究和基础研究价值的种质。主要指进行遗传和育种研究的所有种质，包括

主栽品种、当地历史上应用过的地方品种、过时品种、原始栽培类型、野生近缘种、育种材料等。

②可能灭绝的稀有种和已经濒危的种质，特别是栽培种的野生祖先种。

③具有经济利用潜力而尚未被发现和利用的种质。

④在普及教育上有用的种质，如分类上的各个作物的种、类型、野生近缘种等。

2. 种质资源的保存方法

（1）种植保存

为了保持种质资源的种子或无性繁殖器官的生活力，并不断补充其数量，种质资源材料必须每隔一定时间（如1~5年）播种一次，即称种植保存。种植保存一般可分为就地种植保存和迁地种植保存。前者是指在资源植物的产地，通过保护其生态环境达到保存资源的目的；后者常针对种质资源原生境变化很大，难以正常生长及繁殖更新的情况，选择生态环境相近的地段建立迁地保护区。在我国，作为育种用的资源材料主要由负责种质资源工作的单位或育种单位进行种植保存。

在种植保存时，每种作物或品种类型的种植条件，应尽可能与原产地相似，以减少由于生态条件的改变而引起的变异和自然选择的影响。在种植过程中应尽可能避免或减少天然杂交和人为混杂的机会，以保持原品种或类型的遗传特点和群体结构。为此，像玉米等异花授粉和棉花等常异花授粉作物，在种植保存时，应采取自交、典型株姐妹交或隔离种植等方式控制授粉，以防生物学混杂。

（2）贮藏保存

对于数目众多的种质资源，如果年年都要种植保存，不但在土地、人力、物力上有很大负担，而且往往由于人为差错、天然杂交、生态条件改变和世代交替等原因引起遗传变异或导致某些材料原有基因的丢失。因而，近年来各国对种质资源的贮藏保存极为重视。贮藏保存主要是用控制贮藏时的温度、湿度条件的方法，来保持种质资源种子的生活力。研究表明，贮藏温度在0~30℃范围内，每降低5℃，种子寿命可延长一倍；种子含水率在4%~14%范围内，每降低1%，种子寿命可延长一倍。种子贮藏的理想条件是：①相对湿度为15%，温度为-20℃以下；②空气中氧气少，二氧化碳多；③室内黑暗，没有光照；④贮藏室尽量避免辐射的损害；⑤种子含水量控制在4%~6%。需要注意的是，只有正常型种子才适于种子保存方式，而顽拗型种子一般不用种子进行资源的保存。正常型种子是指通过适当降低种子含水量和贮藏温度可显著延长贮藏时间的种子；而顽拗型种子是在干燥低温条件下反而会迅速丧失活力的种子，如核桃、佛手瓜、菱白等。

为了有效地保存好众多的种质资源，世界各国都十分重视现代化种质库的建设。新建的种质资源库都充分利用先进的技术装备，创造适合种质资源长期贮藏的环境条件，并尽可能提高运行管理的自动化程度。如国际水稻研究所的稻种资源库分为 3 级：

①短期库。温度 20℃，相对湿度 45%；稻种盛于布袋或纸袋内；可保持生活力 2~5 年；每年贮放 10 万多个纸袋的种子。

②中期库。温度 4℃，相对湿度 45%；稻种盛放在密封的铝盆或玻璃瓶内，并在瓶底内放硅胶；可保持种子生活力 25 年。

③长期库。温度−10℃，相对湿度 30%；稻种放入真空、密封的小铝盒内；可保持种子生活力 75 年。

当库存种子的活力降低到一定限度时，要进行繁殖更新，注意事项有以下几点：为了保存作物群体原有的遗传结构，繁殖更新宜在原产地或与原产地条件相近的地方进行；野生近缘植物宜在原产地划出保护区，在自然条件下加以保存；每份材料种植的株数不能太少，以免因基因漂移而使某些基因型丧失；异花授粉作物必须隔离种植，或进行套袋和人工授粉，以防止天然杂交；对葡萄、甘薯、草莓等无性繁殖作物，可用顶端分生组织培养的方法进行保存；对桑、茶、果树等多年生作物，一般采用品种资源圃的方式进行种质的保存。

（3）离体保存

因为植物体的每个细胞都含有发育所必需的全部遗传信息，所以可以开展种质材料的离体保存方法。20 世纪 70 年代以来，国内外开展了用试管保存组织或细胞培养物的方法，主要针对常规种子储藏法所不易保存的一些资源材料，如顽拗型植物、水生植物、不能产生种子的多倍体材料和无性繁殖植物等。利用离体保存方法还可以大大缩小种质资源保存的空间，节省土地和劳力。此外，该法还具有繁殖速度快、可避免病虫为害等优点。目前，作为保存种质资源的细胞或组织培养物有愈伤组织、悬浮细胞、幼芽生长点、花粉、花药、体细胞、原生质体、幼胚、组织块等。

对组织和细胞培养物采用一般的试管保存时，要保持一个细胞系，必须做定期的继代培养和重复转移，这不仅增加了工作量，而且会产生无性系变异。因此，近年来发展了培养物的超低温（−196℃）长期保存法。如英国的威瑟斯（Withers）将 30 多种植物的细胞愈伤组织在液氮（−196℃）下保存后，都能再生成植株。在超低温下，细胞处于代谢不活动状态，从而可防止、延缓细胞的老化；由于不需多次继代培养，细胞分裂和 DNA 合成基本停止，因而保证了资源材料的遗传稳定性。对于那些寿命短的植物、组织培养体细胞无性系、遗传工程的基因无性系、抗病毒的植物材料以及濒临灭绝的野生植物，超低温培养是很好的保存方法。

（4）基因文库保存

自然界每年都有大量珍贵的动植物死亡灭绝，遗传资源日趋枯竭。建立和发展基因文库技术，对抢救和安全保存种质资源有重要意义。

基因文库技术保存种质程序为：从动物、植物或微生物中提取大分子质量的DNA，用限制性内切核酸酶将其切成许多DNA片段，用连接酶将目的DNA片段连接到克隆载体上，然后再通过载体把该DNA片段转移到繁殖速度快的大肠杆菌中，通过大肠杆菌的大量无性繁殖而产生大量生物体中的单拷贝基因。此后，当需要用某个基因时，就可以通过某种方法来“钩取”获得。因此，建立某一物种的基因文库，不仅可以长期保存该物种遗传资源，而且还可以通过反复的培养繁殖筛选，获得各种目的基因。

（5）利用保存

种质资源在发现其利用价值后，及时用于育成品种或中间育种材料是一种对种质资源切实有效的保存方式。如国内用大濑草作亲本，育成了高蛋白、高赖氨酸含量和抗条锈病、叶锈病和白粉病的小麦中间品系，以及高抗大麦黄矮病GPV小种的小麦二体异附加系；用山葡萄作亲本育成北醇、公醇2号；用野菊和家菊杂交育成毛化菊、铺地菊等地被菊品种。这些实际上都是把野生种质资源的有利基因保存到栽培品种中。

种质资源的保存，除资源材料本身外，还应包括种质资源各种资料构成的档案。档案内容大致包括：资源的历史信息，包括名称、编号、系谱、分布范围，原保存单位给予的编号、捐赠人姓名、有关的评价资料等；资料入库信息，包括入库时给予的编号、入库日期、入库材料（种子、植株、组培材料等）及数量、保存方式、保存地点等；入库后的鉴定评价信息，包括鉴定评价的方法、结果及评价年度等。档案按材料的永久编号顺序排列存放，并随时将有关该材料的试验结果及文献资料登记在档案中。档案资料还要贮存入计算机，建立数据库，以便于资料检索和进行有关分类、遗传研究，以及向有关单位提供种质材料。

（四）种质资源的研究

1. 特征、特性的观察和鉴定

所谓鉴定就是对种质资源材料做出客观的科学评价。鉴定的内容因作物不同而异，一般包括植物学性状（是长期自然选择和人工选择形成的稳定性状，是识别各种种质资源的主要依据）、农艺性状（是选用种质资源的主要目标性状）、生理生化特性（如抗逆性、抗病性、抗虫性、对某些元素过量或缺失的抗耐性）、产品品质性状（如营养价值、食用价值及其他实用价值）和细胞学性状（主要是染色体的各种性状）等。鉴定方法根据鉴定所依据的性状分为直接鉴定和间接鉴定，根据鉴定的条件分为自然鉴定和诱发鉴定，根据鉴定的手段分为官能鉴定和实验室鉴定，根据鉴定的地点分为当地鉴定和异地鉴定，根据鉴定的场所分为田间鉴定和室内鉴定。为了提高鉴定结果的可靠性，供试材料应来自同一年份、同一地点和相同的栽培条件，取样要合理准确，尽量减少由环境因子的差异所造成的误差。由于种质资源鉴定内容的范围比较广，涉及的学科多，因此，种质资源鉴定必须十分注意多学科、多单位的分工协作。

性状的鉴定评价是种质资源研究利用的基础，而对种质资源表现型重复鉴定评价出的优良基因是分子标记和育种的基础。然而，国家品种资源攻关中仅对保存的部分种质资源的抗病性、抗逆性、品质等性状进行了初筛，对少数的高抗、优质等特性进行了重复鉴定，重复鉴定的数量之少与研究和利用的要求差距很大。因此，除对初筛出的优异资源进行重复鉴定外，应加强对尚未鉴定种质的研究，挖掘新的优异基因，以便为深入研究提供材料，及时解决生产发展中出现的新问题。

2. 性状遗传特点的研究和分析

种质资源特征、特性的观察鉴定属于表现型鉴定，表现型鉴定不仅受外界环境条件的影响，而且往往是多个基因共同作用的结果。因此，要在表现型鉴定的基础上进行深入的基因型鉴定，并掌握种质性状的基本遗传特点，只有这样才能更好地为育种服务。

基因组学研究为种质资源的基因型鉴定提供了新的理论和方法。利用分子标记技术和遗传连锁图谱，可以在较短时间内找到人们感兴趣的目标基因。目前，很多作物中都有一批重要的农艺性状基因被定位与作图。特别需要指出的是，许多重要的农艺性状（如产量、抗逆性等）都属于数量性状，很难用传统方法进行深入研究。而利用分子标记技术，可以像研究质量性状一样，将控制数量性状的基因分解成单个孟德尔遗传因子进行详细剖析。目前在这方面已取得了许多重要的研究进展，如水稻的千粒重、穗粒数、株高，小麦的抽穗期、分蘖数、穗数，棉花的纤维长度、强度、马克隆值等重要性状的数量性状位点（QTLs）均已有报道。另外，还应进一步深入研究主要经济性状的遗传变异性、选择潜力、选择可靠性、选择效果、基因型与环境的互作效应等重要问题。

3. 聚类分析

在种质资源研究中，常常要对研究对象进行分类。传统的分类方法主要依据个别明显特征进行人为分类，存在着考察性状少、主观因素多、忽略数量性状等局限性，分类结果不尽合理。聚类分析则是应用多元统计分析原理研究分类问题的一种数学方法，其考察性状既可以是质量性状，也可以是数量性状，还可以利用分子标记分析所得的基因型数据，然后将所有数据进行综合考察，主观因素少，分类结果更加客观和科学。近年来，聚类分析在我国植物研究中得到了广泛应用，效果良好，现已涉及粮食作物、园艺作物、纤维作物、药用作物和林木等近百种植物。

聚类分析中将两个样品定为一类的依据主要有两种，一种是样品间的距离，另一种是样品间的相似系数。聚类方法主要有系统聚类法和模糊聚类法两种，前者通常是对样品的聚类采用距离，对变量（性状）的聚类采用相似系数；后者则均以相似系数为依据。理论上，模糊聚类法比系统聚类法更加优越，因为模糊聚类法不但考虑了两个因素之间直接的相似系数，而且也考虑了两个因素通过所有可能的其他因素造成的间接相似关系。

聚类分析的结果可能会因聚类方法的不同而有所差异，因此，必须对聚类方法有所选择，根据研究的目的和对象确定分类方法。关于分类的数目问题，即分成多少类合适，要具体问题具体分析。需要明确的是，只要聚类结果符合实际、有应用价值就可以认为是有意义的。

（五）种质资源的利用

随着相关学科理论和技术的迅速发展，特别是生物技术的迅猛发展，人类创造和利用种质资源的能力日益增强。

1. 分子标记技术在种质资源利用中的作用

近年来发展起来的分子标记技术，是开发利用作物种质资源的有力工具。中国农业科学院预测，在不久的将来可能在以下四方面取得突破：

①广泛开发利用种质资源，拓宽育种基础。育种基础狭窄是育种工作难以取得突破性进展的主要原因之一。利用分子标记技术，能准确鉴定种质资源中优异农艺性状基因的多样性，特别是能够从农艺性状不良的野生种中鉴定出其中蕴藏着的优良农艺性状基因，这将发掘出大量的未被利用的优良农艺性状基因，大大拓宽育种的物质基础。

②标记目的基因，提高育种效率。进行种质资源中重要农艺性状基因的分子作图与标记，将大大缩短育种周期，提高育种效率。

③揭示物种亲缘关系，有效进行种质资源创新。野生近缘植物是一个巨大的基因宝库，通过远缘杂交进行种质创新是育种工作取得突破的途径之一。在远缘杂交中，分子标记不仅可以精确检测外源染色体，而且可以广泛地揭示外源染色体与栽培物种染色体的部分同源关系，这对有效转移外源基因十分重要。

④鉴定遗传多样性，确定利用杂种优势育种的亲本选配。利用杂种优势育种是粮食产量取得突破的另一条重要途径，分子标记可以揭示杂种优势的遗传基础，鉴定种质资源（亲本）的遗传多样性，对其进行分类，从而有效地选配亲本。

2. 基因工程技术在种质资源利用中的作用

日益成熟的基因工程技术，使人们能够从植物的基因组中克隆有重要经济价值及科学研究价值的目的基因，进而用遗传工程的手段将其转移到另一个物种或品种中，并对其结构与功能进行研究。人们已经用染色体步移法成功地克隆出水稻的抗白叶枯病抗性基因Xa21等重要农艺性状基因。值得提出的是，目前拟南芥、水稻、小麦、棉花等多种植物的全基因组测序工作已经完成，随之产生出数以亿计的DNA序列数据。为了分析这些基因组DNA序列的结构与功能，一门新的学科——生物信息学已应运而生。运用生物信息学的原理与方法，对基因组测序的巨大数据进行分析，将会成倍地加快基因克隆的速度，并将最终明确植物基因组的全部基因。

应用新的生物技术与常规鉴定相结合，在种质资源中发掘新的优良基因并对其进行克隆，建立基因文库/基因银行。育种者的主要工作就是在研究各种优良基因多样性和遗传特点的基础上，选择所需的基因或基因型并使之结合，育成新的品种，使作物种质资源在满足日益增长的人类生活需要中发挥应有的作用。目前，种质库中所保存的种质资源往往是处于一种遗传平衡状态，而处于遗传平衡状态的同质结合种质群体的遗传基础相对较窄，为了丰富种质群体的遗传基础，必须不断地拓展基因库。中国是多种作物如大豆、水稻、茶、桑及许多果树和蔬菜的起源地，也是一些重要作物如小麦、高粱等的次生起源地。深入研究这些作物地方品种和野生种的遗传多样性及其分布，必将发现新的特有基因和起源、进化、分类方面的新规律，为进一步制定收集和原地保存策略提供科学依据，推动作物种质资源学科的发展。

第三节　作物的繁殖方式与育种

一、作物的繁殖方式

作物的繁殖方式与育种及种子生产有着重要的关系。不同繁殖方式作物的花器结构、开花习性和遗传特点有很大的差异，采用的育种和种子生产方法也不同。所以，在进行作物育种和种子生产工作时，为了提高育种成效，必须了解作物的繁殖方式、花器结构及遗传特点。作物的繁殖方式一般可分为两大类，即有性繁殖和无性繁殖。

（一）有性繁殖

作物的有性繁殖是指由雌雄配子结合，经过受精过程，最后形成种子繁衍后代的繁殖方式。根据其雌雄配子是否来自同一朵花或是否来自同一植株，又可将有性繁殖方式分为自花授粉、异花授粉和常异花授粉三种授粉方式；另外，有性繁殖还包括自交不亲和性与雄性不育性两种特殊的繁殖方式。

1. 自花授粉作物

同一朵花的花粉传播到同朵花的雌蕊柱头上，或同株一朵花的花粉传播到同株的另一朵花雌蕊柱头上进行受精而繁殖后代的作物称为自花授粉作物，又称自交作物。禾谷类中自花授粉作物常见的有水稻、小麦、大麦和燕麦等；豆科中自花授粉作物常见的有大豆、绿豆、豌豆、花生、小豆、菜豆、豇豆和扁豆等；其他自花授粉作物常见的有芝麻、烟草、亚麻、马铃薯、茄子、番茄和辣椒等。

自花授粉作物的花器结构和生物学特点是：①雌雄同花，花瓣无鲜艳色彩，缺少香味，不易引诱昆虫传粉；②雌雄蕊同期成熟，甚至开花前已授粉（闭花授粉，例如大豆和花生等）；③花开放时间短，多在夜间或清晨开放；④花器保护严密，外来花粉不易进入，有的雄蕊紧密包围雌蕊，花药开裂部位紧靠柱头，极易自花授粉。

自花授粉作物的自然异交率一般不会超过4%。例如，大麦的自然异交率为0.04%~0.15%；大豆的自然异交率为0.5%~1%；小麦和水稻的自然异交率一般不超过1%。但有的小麦和水稻品种的自然异交率最高可达4%。

自花授粉作物由于长期自交，在自然选择和人工选择的作用下，一些隐性致死和半致死基因的类型被淘汰，因此自花授粉作物具有自交不退化或较耐自交的特点。

2. 异花授粉作物

通过不同植株间花朵或不同雌雄花间的花粉进行传粉而繁殖后代的作物称为异花授粉作物，又称异交作物。异花授粉作物主要靠风力或昆虫传粉，天然异交率在50%以上，有些作物的天然异交率甚至高达95%或100%。

异花授粉作物又可分为三种情况：

（1）雌雄异株

植株有雌雄之分，雌花和雄花分别着生于不同植株上。如菠菜、大麻、石刁柏、银杏、蛇麻、木瓜等，异交率为100%。

（2）雌雄同株异花

雌雄花在同一株上，但着生在植株不同位置，例如玉米、西瓜、黄瓜、南瓜、甜瓜、蓖麻和桑等作物。玉米雄花着生于顶端，雌花着生于中部的叶腋中。蓖麻雌雄花着生于同一花序上，但雄花在下，雌花在上。

（3）其他

雌雄同花自交不亲和、雌雄蕊不同熟或雌雄蕊异长具有自交不亲和性。自花花粉落在柱头上，不能发芽或发芽后不能受精，如甘薯、黑麦、白菜、白菜型油菜、萝卜等；雌雄同花不同熟或雌雄蕊异长，如荞麦、向日葵、葱、洋葱、芹菜、胡萝卜、甜菜、莴苣、李子等。

3. 常异花授粉作物

常异花授粉作物是指同时依靠自花授粉和异花授粉两种方式来繁衍后代的作物，又称常异交作物。这种作物一般以自花授粉为主，但也能异花授粉，属自花授粉和异花授粉的中间类型，其自然异交率在5%~50%。常异花授粉作物有棉花、高粱、谷子、蚕豆、甘蓝型和芥菜型油菜等。

常异花授粉作物花器结构和开花习性的特点有：①雌雄同花，雌雄蕊不等长或不同时成熟；②雌蕊外露，易接受外来花粉；③花瓣鲜艳，并能分泌蜜汁以引诱昆虫传粉；④花朵开花时间长等。

不同的常异花授粉作物自然异交率差别很大，而同一种常异花授粉作物因品种和生长环境的变化，自然异交率也会有一定的变化。例如，陆地棉自然异交率在1%~18%；高粱的自然异交率最低为0.6%，最高可达50%；蚕豆的自然异交率为17%~49%；甘蓝型油菜的自然异交率一般为10%，但有时可达30%。

4. 两种特殊的有性繁殖方式

（1）自交不亲和性

作物的自交不亲和性是指具有完全花，可形成正常雌雄配子，但缺乏自花授粉结实能力的一种自交不育性。具有自交不亲和性的作物有甘薯、黑麦、白菜型油菜、向日葵、甜菜、白菜、甘蓝等。

作物的自交不亲和性主要是花粉和柱头不识别，或者是在受精过程中不同阶段受到阻碍而使受精不能完成。作物的自交不亲和性主要表现为：①自花花粉在柱头上不能识别萌发；②花粉在柱头萌发但花粉管不能穿过柱头表面进入花柱；③花粉管在花柱中生长缓慢，落后于异花花粉管的生长；④自花花粉管生长一定阶段后停止生长，而不能到达子房，不能进入珠心；⑤自花花粉管进入胚囊后花粉不能与雌配子结合而完成受精作用。作物自交不亲和性主要受遗传基因的控制，当柱头和花粉所含有基因相同时，就产生自交不亲和性。

作物的自交不亲和性在杂种优势的利用中具有重要意义。利用作物的不亲和性植株作母本进行制种，可降低制种成本，提高制种效率。

（2）雄性不育性

作物雄性不育性是指植株的雌蕊正常，而花粉败育，不产生有功能的雄配子的特性。

作物的雄性不育性广泛存在。具有雄性不育性的作物有水稻、玉米、高粱、小麦、大麦、棉花、油菜和向日葵等。作物的雄性不育性受到遗传基因的控制，第一种是受细胞核基因的控制，即细胞核雄性不育性，例如，水稻核雄性不育性和小麦的太谷雄性不育性；第二种受细胞质基因控制，为细胞质雄性不育性，例如小麦；第三种是基因-环境互作雄性不育性，但多为核基因-环境互作雄性不育性，例如，水稻的两系配套制种技术就是利用的水稻光温敏雄性不育性，即核-环境互作雄性不育性。

（二）无性繁殖

无性繁殖是指凡是不经过两性细胞受精过程而繁殖后代的方式。无性繁殖包括营养体繁殖和无融合生殖两种。

1. 营养体繁殖

许多植物的营养器官都具有再生性，例如，植物的根、茎、叶、芽等营养器官和其变态器官如块根、块茎、球茎、鳞茎和地下茎等。

作物的营养体繁殖就是利用作物营养器官的再生能力，使其长成新的作物体的繁殖方式。营养繁殖的方法有：分根、扦插、压条、嫁接、组织培养等。

营养繁殖的作物有甘薯（块根）、马铃薯（块茎）、甘蔗（茎）、草莓、大蒜、大部分的果树和花卉等。这类作物在一定条件下，也可以进行有性繁殖，例如，马铃薯为自花授粉有性繁殖方式；甘薯则为异花授粉有性繁殖方式。

2. 无融合生殖

作物的无融合生殖是指用未经雌雄配子结合的正常受精过程而形成种子进行后代繁衍的方式。无融合生殖的类型很多，主要有单倍配子体无融合生殖、二倍配子体无融合生殖和不定芽生殖三种类型。

（1）单倍配子体无融合生殖

单倍配子体无融合生殖指雌雄配子体不经过正常受精而产生单倍体胚的一种生殖方式。主要有孤雌生殖和孤雄生殖。

①孤雌生殖。孤雌生殖是指卵细胞未经受精而直接发育成单倍体胚。在特殊情况下，胚囊中的助细胞和反足细胞也可以发育成单倍体或二倍体的胚。

②孤雄生殖。孤雄生殖是进入胚囊的精核未与卵细胞融合，直接发育成单倍体的胚。通过花药或花粉离体培养，诱导产生单倍体植株，是人工创造孤雄生殖的一种方式。具有单倍体胚的种子可以经染色体加倍获得基因纯合的二倍体。

（2）二倍配子体无融合生殖

二倍配子体无融合生殖指大孢子母细胞不经过减数分裂而进行有丝分裂直接形成二倍体胚囊，最后形成种子的无融合生殖方式。这一类型属于不减数的单性生殖，可以在固定杂种优势中应用。

（3）不定芽生殖

不定芽生殖由胚珠或子房壁的二倍体细胞经过有丝分裂形成胚，同时由正常胚囊中的极核发育成胚乳而形成种子。

二、作物品种的类型及育种特点

（一）作物品种的基本特性

1. 特异性

作物品种的特异性是指一个作物的品种具有一个或多个不同于同一作物其他品种的形态和生理特性。

2. 一致性

作物品种的一致性是指某作物同一品种内，植株之间性状整齐一致。

3. 稳定性

作物品种的稳定性是指某种作物同一品种在繁殖和再组成本品种时，品种的特异性和一致性保持稳定不变。

（二）作物品种的类型

目前，对作物品种类型的划分还不够一致。如对异交作物（如玉米）的自交系是否应作为品种，还有不同的意见。有的学者认为应属于品种；但有的学者认为自交系作为杂种的亲本，并不直接作为农业生产资料，因此，不宜称为品种。

潘家驹主编的《作物育种学总论》将作物品种划分为四大类：纯系品种、杂交种品种、群体品种和无性系品种。①

1. 纯系品种

纯系品种（又称自交系品种、定型品种）是指从突变个体及杂交组合中经过多代自交和选择育成的基因型纯合的群体（个体基因型是纯合的，群体同质）。规定纯系品种的理论亲本系数不低于0.87，即具有纯合基因型的后代植株数达到或超过87%。因此，生产上种植的大多数稻类、麦类、豆类、花生和许多蔬菜等自花授粉作物的品种都是纯系品种。大多数常异花授粉作物（棉花等）品种也属于纯系品种。

---

① 潘家驹．作物育种学总论［M］．北京：中国农业出版社，1994.05.

2. 杂交种品种

杂交种品种是指在严格选择亲本和控制授粉条件下生产的各类杂交组合的 F_1 植株群体。

这种群体的个体基因型是高度杂合的，群体是同质的，表现型整齐一致，杂种优势明显。但群体不能稳定遗传，F_2 发生基因型分离，产量下降，因此，一般只利用 F_1 的杂种优势。

异花授粉作物中的杂种优势主要是利用杂交种品种（如玉米）。但随着雄性不育系的选育成功，解决了杂交制种的问题，使自花授粉作物和常异花授粉作物也可利用杂交种品种。我国在水稻（三系和二系配套制种）和甘蓝型油菜杂交种品种的选育方面，在国际上处于领先地位。

3. 群体品种

群体品种的遗传基础比较复杂，群体内的植株基因型是不一致的。因作物种类不同，群体品种又可分为四种类型。

（1）异花授粉作物的自由授粉品种

异花授粉作物的自由授粉品种是在生产过程中作物品种内植株间自由随机传粉，包括杂交、自交和姊妹交产生的后代群体。这种群体个体基因型是杂合的，群体是异质的；但保持一些本品种的主要特征区别于其他品种。例如，玉米、白菜、甜瓜、菠菜等异花授粉作物的地方品种都是自由授粉品种；少数果树采用实生繁殖的群体品种也属此类群体品种。

（2）异花授粉作物的综合品种

异花授粉作物的综合品种是由多个自交系，采用人工控制授粉和在隔离区多代随机授粉而形成的遗传平衡的群体。群体遗传基础复杂，个体基因型杂合，个体间异质，但具一个或多个代表本品种的特征。

（3）自花授粉作物的杂交合成群体

自花授粉作物的杂交合成群体是由自花授粉作物两个或两个以上纯系品种杂交后，繁殖、分离而逐渐形成的一个较稳定的混合群体；这种群体实际上是由多个不同的纯系组成的一个混合群体。目前生产上，应用自花授粉作物的杂交合成群体的极少。

（4）多系品种

多系品种是由若干纯系品种或品系、近等基因系的种子，按一定比例混合成的播种材料。常见的多系品种可以用自花授粉作物的几个近等基因系的种子混合组成。在抗病育种中，将携带不同抗性基因的品种，用回交法同时转移到一个栽培品种中去，育成一个农艺性状相似又兼抗多个生理小种的多个近等基因系，然后混合在一起，组成一个多系品种。例如，我国育成的小麦抗赤霉病、抗白粉病近等基因系组成的多系品种。多系品种也可用几个无亲缘关系的自交系，把它们的种子按预定的比例混合而成。

4. 无性系品种

无性系品种是由一个无性系或几个相似的无性系经过营养器官的繁殖而成的。无性系品种的基因型由母体决定，表现型也和母体相同。许多薯类和果树品种都是这类无性系品种，如甘薯、桃子、苹果等。

（三）各类品种的育种特点

1. 纯系品种的育种特点

纯系品种（自交、常异交作物）是来自一株优良的纯合基因型的后代。对纯系品种的基本要求是基因型高度纯合和性状优良整齐一致。其育种特点如下。

（1）利用自然变异，采取自交和单株选择的相结合育种方法。

自花授粉作物靠自交繁殖后代，选出优良基因型的单株，其优良性状就可稳定地遗传下去，获得遗传稳定的纯系品种。

常异花授粉作物由于自然异交率较高和基因的杂合性，常采用连续多代套袋自交结合单株选择，进行纯系品种的选育。

（2）人工创造丰富的遗传变异，在变异丰富的大群体中进行单株选择。

目前，作物品种遗传基础比较狭窄，因此，必须不断拓宽种质资源以满足不断提高的育种目标。人工创造变异一般采用杂交和诱变等方法，扩大性状变异范围，并在性状分离的大群体中进行单株选择，多中选优，优中选优，连续选优，最终才能选育出优良品种。

2. 杂交种品种的育种特点

杂交种品种基因型高度杂合、性状相对一致，具有较强的杂种优势，育种特点如下。

（1）选育重点是选择杂交亲本（自交系、三系或二系）。

目前应用杂种优势主要利用自交系间杂交种（自交作物的纯系品种即相当于异交作物的自交系），因为自交系间杂交种优势最强。杂交种品种的育种包括两步：一是自交系的选育（有些作物还包括不育系、保持系、自交不亲和系的选育），连续自交加人工选择。二是杂交组合的组配。

（2）配合力测定是杂交种品种选育的重点内容。

关键是自交系和自交系间配合力的测定。配合力测定是杂交种育种的主要特点。

（3）F_1 杂交种子生产的难易影响杂种优势利用。

F_1 杂交种子生产时对影响亲本繁殖、配置杂交种种子的一些性状应加强选择。例如，母本自身的产量要高（郑 58），母本雄性不育性的稳定性，父本花粉量的多少（F_2 花粉量大），两亲本花期的差异等性状，都应注意选择，使种子生产成本降低。

（4）杂交种品种的应用要建立相应的种子生产基地和供销体系。

3. 群体品种的育种特点

群体品种的遗传基础比较复杂，群体内植株间的基因型是不同的。异交作物的自由授粉品种内每个植株的基因型都是杂合的，不能有基因型完全相同的植株。自交作物多系品种内包括若干个不同的基因型，最终成为若干纯系的混合体。

群体品种育种特点：创建和保持广泛的遗传基础和基因型的多样性；对后代群体一般不进行选择；对异花授粉作物群体，要在隔离条件下，多代自由授粉，以打破基因连锁，达到遗传平衡。

4. 无性系品种的育种特点

无性系品种的基因型是杂合的，植株间都是整齐一致的，育种特点如下。

①采用有性杂交和无性繁殖相结合的方法，固定优良性状和杂种优势。利用杂交重组产生遗传变异。由于亲本是杂合体，因此，F_1 就发生分离。在 F_1 实生苗中选择优良单株进行无性繁殖，把优良性状和杂种优势固定下来。

②利用芽变育种，芽的分生组织发生突变称为芽变。芽变育种是无性系品种育种的另一种有效方法。国内外都曾利用芽变选育出一些甘薯、马铃薯、果树等无性系品种。

第二章　蔬菜种子与采种新技术

第一节　蔬菜生长发育与种子的形成

一、蔬菜的生长发育

（一）蔬菜的生育周期

蔬菜生长过程可分为种子期、营养生长期和生殖生长期。蔬菜种类繁多，各种蔬菜从种子到种子的生长发育经历的时间有长短，可分为一年生蔬菜、二年生蔬菜和多年生蔬菜三类。大多数蔬菜用种子繁殖，也有用果实或营养器官繁殖。

1. 一年生蔬菜

在播种的当年形成产品器官，同时开花结实完成生育期，这类蔬菜多喜温、耐热，在较高温度和充足光照下通过发育。在幼苗成长后，进行花芽分化，开花结果期长，营养生长和生殖生长同时进行，当年采集种子，如茄果类、瓜类、豆类（除蚕豆、豌豆）及苋菜、蕹菜、落葵等部分绿叶蔬菜。

2. 二年生蔬菜

在播种当年进行营养生长，越冬后于翌年春季开花、结实、采收种子，属耐寒或半耐寒蔬菜，在营养生长期形成叶丛、叶球或肉质根等；从营养生长到生殖生长需要一段低温条件，通过春化阶段，在长日照下完成光照阶段后抽薹开花，如白菜类、甘蓝类、芥菜类、根菜类，绿叶蔬菜中的菠菜、茼蒿、莴苣，还有蚕豆及豌豆，等等。

3. 多年生蔬菜

在一次播种或移栽后可多年采收，不需要每年播种繁殖。多年生蔬菜地下部分耐寒、根系大，贮藏养分越冬，而地上部分耐热，生长和产品器官形成的适温较高，如黄花菜、芦笋、竹笋等。

蔬菜的生长周期随着栽培条件的改变，发生相应的变化，如白菜、萝卜、菠菜等在秋播时为典型的二年生蔬菜，但早春播种时，苗期受低温、长日照的影响，在贮藏器官完全形成前就抽薹开花，变成一年生蔬菜。

无性繁殖蔬菜的生长期，从块茎、块根等的发芽，到块茎、块根等形成。其中有些无性繁殖蔬菜也会开花结实，如马铃薯、竹笋等；在栽培过程中，这些蔬菜的生殖器官有的发育不全，即使有发育的种子，用种子繁殖后要经多年才能形成产品器官如竹笋等；或者经济性状发生变异如马铃薯；因此，在蔬菜生产上这类蔬菜不用种子繁殖，而采用营养器官繁殖。

（二）蔬菜的生育阶段

1. 蔬菜生长发育对环境的要求

不同种类的蔬菜，生长发育对环境条件的要求也不同，同一种蔬菜的不同品种，其生长发育对环境条件的要求也有差异，如白菜、芥菜对春化有要求严格的和要求不严格的品种，而毛豆、豇豆等对光照有要求严格的和要求不严格的品种。

2. 春化阶段

二年生蔬菜通过春化阶段有两种不同的类型，即种子春化型和绿体春化型。

①种子春化型：当蔬菜种子处于萌动状态时，能感受低温的作用，经历一定的时间后通过春化阶段，如白菜、芥菜、萝卜、菠菜等，在0~10℃温度条件下经历10~30d完成春化阶段。有的蔬菜品种对春化要求不甚严格，如菜心在夏季播种也能开花结荚。

②绿体春化型：当蔬菜植株长到一定大小时，才能感受低温，如甘蓝、洋葱、大葱、芹菜等，植株大小可用生长天数，植株茎、叶数来表示。通过春化的条件，在蔬菜种类间存在差异，在品种间也有差异，如结球甘蓝和球茎甘蓝通过春化阶段的要求远高于花椰菜、青花菜；同为结球甘蓝的牛心品种，低温春化要求比平头品种高。

3. 光照阶段

二年生蔬菜通过低温春化后，还要求一定的光照时间才能抽薹开花；对于一年生蔬菜，有的种类或品种也要求有一定的光照时间。根据蔬菜对光照时间长短要求不同可分为三类：

①长光照蔬菜：在日照由短变长，达到日照时数12~14h以上时，促进开花，如白菜、芥菜、萝卜、胡萝卜、芹菜、菠菜、莴苣、蚕豆、豌豆、大葱、洋葱等蔬菜，在春季长日照下开花。

②短光照蔬菜：在日照由长变短，日照时数在12~14h以下时，促进开花结实，如晚熟毛豆品种、部分豇豆品种、苋菜、蕹菜等蔬菜，大多在夏秋季开花结实。

③中光照蔬菜：在较长或较短光照下都能开花的蔬菜，如菜豆、黄瓜、番茄、辣椒及早熟毛豆品种等，只要温度适宜，在春季或秋季均可开花结实。

二、蔬菜种子的形成

蔬菜生产上播种用的种子，如十字花科、葫芦科与茄科蔬菜等种子，是由胚珠发育而成的真正种子；而伞形花科、菊科与藜科蔬菜等种子，实际上是果实，在生产上亦称为种子；其他如山药的块根、马铃薯的块茎与大蒜的鳞茎等用作播种的，在生产上作为种子使用。

（一）蔬菜的花

蔬菜在生殖生长期间，开花、结实，而后形成种子。花的结构依蔬菜归属不同的科而异。如十字花科蔬菜的花，雌雄蕊长在同一朵花内，雌雄同花。葫芦科的花，雌花和雄花着生在同一植株上，属雌雄异花。菠菜属藜科，雌花与雄花分别长在不同的植株上，属雌雄异株。

蔬菜的花由花柄、花托、花萼、花冠、雄蕊和雌蕊等组成。

花柄是着生花的小枝，连着茎和花，使花位于一定空间；花托在花柄之上，是花萼、花冠、雄蕊和雌蕊着生的位置；花萼和花冠为内外两轮，花萼在外轮，花冠在内轮，形状、大小和颜色多种多样；雄蕊和雌蕊位于中央，雄蕊由花药和花丝组成，雌蕊由柱头、花柱和子房组成。

（二）蔬菜的种子

蔬菜的种子由种皮、胚乳和胚组成。用作种子的果实，在种皮之外，还有一层果皮。

1. 种皮

种皮由珠被发育而成，内珠被发育成较薄的内种皮，外珠被发育成较厚的外种皮，具有保护胚组织的作用。种皮表面平滑或有皱褶，有各种颜色和斑纹，有的还附有刺、毛、突起等附属物，形成不同的形态，成熟种子的表皮，有种脐、种脊和珠孔（发芽孔）等组织，这些都是鉴定种子的主要依据。

2. 胚乳

胚乳由受精的极核发育而成。胚乳是胚发育过程中的营养物质，可分为有胚乳种子和无胚乳种子。在无胚乳种子中，营养物质贮藏于胚内，以子叶里为最多，如豆科、葫芦科和菊科等的种子。有胚乳的种子有禾本科、茄科和伞形花科种子等。

3. 胚

胚是幼小植物的基础，由胚芽、子叶、胚根和胚茎四部分组成。

在花器官发育成熟以后，雄蕊中的花粉粒落到雌蕊柱头上。在适宜的条件下，花粉粒很快萌发，长出花粉管，刺透柱头，精核分裂为二，花粉管经过花柱伸入子房，从珠孔进入胚珠，放出两个精核：一精核与胚囊中的卵细胞结合，成为合子，发育成胚；另一精核与极核结合，发育成胚乳。

（三）蔬菜种子的发育

蔬菜种子的发育过程，从卵细胞受精成为合子，到种子成熟为止。种子的发育是植物个体发育的最初阶段，可塑性强，对外界环境条件十分敏感，既影响种子的产量和播种品质，又影响后代的生长发育。在种子的发育时期，保证植株获得良好的发育条件，是获得蔬菜高产优质种子的重要基础。

1. 受精作用

成熟的花粉粒依靠风、虫、水等媒介，传播后落在雌蕊柱头上，从柱头上的分泌液中吸收水分和养分，开始萌发伸出花粉管。落在柱头上花粉数目较多，发芽后花粉管的数目也较多。花粉管的生长速度不同，生长最强壮、最活跃的花粉管先到胚囊。花粉管中的一个雄配子与卵细胞（雌配子）融合成为合子，另一个雄配子与胚囊中部的极核融合成为原始的胚乳细胞。这两个融合过程称为“双受精”作用，这是被子植物特有的有性生殖方式。

从授粉到受精所需的时间，不同蔬菜种类间有较大的差别，环境条件如温度、湿度等也有较大的影响。在人工杂交制种时，授粉后如遇暴雨，使得花粉管未及子房前就被雨冲掉，要进行重复授粉，才能获得较高种子产量。

蔬菜在授粉、受精前，通常先经过开花。但也有不开花就能正常受精的，如菜豆、豇豆等豆类蔬菜，称为“闭花受精”，这对蔬菜杂交制种是不利的。

2. 种子的发育过程

①胚的发育：胚是种子的主要部分，是由胚囊中的卵细胞通过受精后发育而成，是合子经过多次细胞分裂与分化，逐渐形成有子叶、胚芽、胚轴和胚根的完整的胚。

②胚乳的发育：胚囊中的极核在受精后，迅速进行分裂，形成大量的核，排列在胚囊的内部，而各个核之间产生隔膜，形成许多薄壁细胞（即胚乳细胞），这些细胞继续分裂发育成为胚乳，如单子叶蔬菜的胚乳由这种方式形成；而双子叶蔬菜的胚乳发育是由受精的极核直接分裂形成。蔬菜中有些种子的胚乳，在发育前期逐渐为胚所吸收，使营养物质转向子叶，造成胚乳消失，子叶特别发达，形成无胚乳种子，如葫芦科、豆科、十字花科、菊科等蔬菜种子。有些蔬菜在种子发育过程中，胚乳中途停止发育，而胚囊周围的珠

心层迅速增大，积累很多养分，形成一种营养组织，称为外胚乳，如菠菜、苋菜等。

③种皮的发育：胚珠周围的珠被，在种子发育过程中，被种胚吸收一部分，或全部被吸收，而部分或全部发生质变，经过分裂，形成多层细胞的种皮。有的表皮下面形成角质层，有的细胞木质化，具有很强的保护作用，如豆类、瓜类种子。原来在胚囊末端的珠孔形成发芽孔或称种孔。胚珠基部的珠柄发育成为种柄。种子成熟干燥后，种子从种柄上脱落，并在种子上留下一个疤痕，即为种脐。

三、蔬菜种子的成熟

当雄性精核与雌性卵细胞结合成合子后，经过细胞分裂阶段，积累各种营养物质，生长发育成为成熟的种子。干物质不再增加，含水量减少，种皮硬度增加，呈现品种固有的色泽，胚具有萌发能力，逐渐完成种子内部的生理成熟过程。

（一）蔬菜种子的成熟过程

蔬菜种子有多种多样，形状各异，大小与重量相差很大，但种子的成熟过程基本相似。

1. 绿熟期

植株和果实均呈绿色，种子生长充分，含水量高。

2. 黄熟期

植株下部叶子变黄，种荚或果实转色，种子外形略缩小。

3. 完熟期

植株大部分叶片脱落，种荚或果色加深，显示固有的颜色，种子变硬。

4. 枯熟期

植株茎秆干枯发脆，种荚或果实老熟，种子容易掉落，种皮变硬，颜色加深，有光泽。

（二）蔬菜种子成熟与发芽的关系

为获得优质种子，必须使种子充分成熟。种子的成熟度与种子发芽及贮藏寿命有很大关系，研究表明，蔬菜种子成熟度高，则发芽率高，贮藏寿命长。

四、蔬菜种子的休眠

蔬菜种子的休眠有两种，一种是遗传的生理休眠，另一种是因种皮坚硬或种子本身含有抑制物质，阻碍种子萌发的强迫休眠。

（一）生理休眠

1. 种子尚未完成后熟

蔬菜种子的种胚从形态上已经长成，但尚未通过一系列复杂的生化变化，在胚细胞中还缺少萌发时所需的同化物质，必须经过一个后熟过程。经过后熟的种子，可提高种子的品质。

2. 种子萌发对温度的要求

蔬菜种子发芽需要较高温度，如辣椒种子放在 4～10℃ 的温室中，经 45d 仍不萌发，但放在 32～38℃ 较高温度条件下，只要 5d 就能萌发。种子萌发对温度的要求，是由不同蔬菜的遗传性决定的。

3. 种子萌发对光的反应

有些蔬菜种子播种前，要晒一下，以满足种子对光的要求，光可提高种子的活力，增加发芽势和发芽率；而有些忌光性的种子，如葱属、苋属和百合科的蔬菜种子，只需将种子播入土壤中，给予适当的温度、湿度条件，种子就会萌发生长。

（二）强迫休眠

1. 种皮的障碍

蔬菜种子有的种皮坚硬、厚实，使种子萌发时得不到所需要的水分和氧气，加上种皮的机械约束力，使缓慢吸足水分的幼胚，也不能向外伸长，被迫休眠。

2. 抑制物质的阻滞

胡萝卜种子内的挥发性油，不仅有特殊气味，还阻止水分进入种子内；茄果类和瓜类的种子，采种时种子上粘着很多果浆，会含有发芽抑制物质，要清洗干净，排除对发芽的影响。

第二节　蔬菜育种体系与采种方法

一、蔬菜育种体系及品种类型

（一）两大育种体系

重组育种和优势育种两种育种体系以两种基本的遗传特性为基础。一种特性是亲属间的相似性和对立面的变异性，另一种特性是近交退化与对立面的杂交产生优势。两种育种体系都采用杂交、自交和选择等技术手段，但二者利用性状的遗传组分不同：重组育种是利用两亲本杂交，然后自交并结合选择，选出比双亲优良的稳定遗传的纯合体，即纯系品种，包括一般的常规品种、亲本自交系等；优势育种自交的目的是选出优良的纯合亲本，再利用两亲本杂交获得杂种优势，即选育优势组合或杂交种，包括各类杂交种，如单交种、三交种、双交种、品种间杂交种等。

（二）蔬菜品种类型及特性

1. 蔬菜品种的类型

由于育种途径不同，育成品种的类型也就不同。蔬菜品种分为纯系品种、杂交种品种、群体品种和无性系品种。

①纯系品种。纯系品种是指生产上利用的遗传基础相同、基因型纯合的品种。在生产上种植的大多数粮食作物及许多自花授粉蔬菜的常规品种属纯系品种。

纯系品种群体经长期自交繁殖，形成一个遗传性相对稳定的纯合系统，群体的基因型相同，表现型一致，群体遗传结构比较简单，是一个同质结合的群体，自交没有衰退现象，具有耐自交性。

②杂交种品种。杂交种品种亦称杂交组合，在严格筛选强优势组合和控制授粉条件下，生产的各类杂交组合的杂交一代植物群体。杂交种基因型是高度杂合的，群体又具有较高的同质性，群体整齐，杂种优势显著。但杂交种品种不能稳定遗传，杂交二代及以后各代发生分离，性状整齐度降低，产量下降，故生产上通常只利用杂交一代，杂交二代不再利用。杂交种品种须要年年制种。

由于利用杂种优势的途径不同，杂交种可分为自交系间杂交种、三系杂交种、自交不亲和系杂交种与人工去雄杂交种等。

③群体品种。群体品种的基本特点是遗传基础比较复杂，群体内的植株基因型是不一致的，即群体具有异质性。根据植物种类和组成方式不同，群体品种可分为不同类型，主要有异花授粉植物的开放授粉品种、多系品种等。

④无性系品种。无性系品种是由一个无性系经过营养器官繁殖而成，而无性系品种的基因型由母体决定，表型也和母体相同。许多薯类蔬菜品种属于这类无性系品种。

2. 蔬菜品种的特性

在市场经济条件下，蔬菜优良品种具有四种特性。

①经济性。蔬菜品种是根据生产和生活需要而产生的群体，具有食用价值，能产生经济效益，是一种具有经济价值的群体。

②地域性。蔬菜品种是在一定自然、栽培条件下选育的，优良性状表现具有地域性。若自然条件、栽培条件、地域不同或改变，品种的优良性状就可能丧失。

③商品性。在市场经济中，蔬菜品种的种子是一种具有再生产性能的特殊商品，优良品种的优质种子能带来良好的经济效益，使种子生产和经营成为农业经济发展的一个最活跃的生长点。种子生产的发展水平，完全可以代表一个地区、一个省、一个国家农业发展的水平。

④时效性。蔬菜品种在生产上的经济价值有时间性，不是一劳永逸的。一个优良蔬菜品种如未能做好提纯与保纯，推广过程中产生混杂退化，或不适应变化了的栽培条件、耕作制度及病虫为害、人类需求的提高，都可失去在生产上的应用价值，被新品种所替代。新品种不断替代老品种是自然规律，因此，蔬菜品种使用是有期限的。

二、蔬菜种子生产体系

蔬菜种子生产体系包括蔬菜品种的种子生产与杂交种的种子生产。种子生产与大田生产最明显的区别有两个方面：一是隔离，以达到防杂保纯的目的；二是选择，保留典型株，去除异型株，以达到去杂提纯的目的。

（一）蔬菜品种的种子生产

蔬菜品种的种子生产包括纯系品种、异质品种和群体品种三类品种的种子生产，因遗传特点不同，各有不同的生产特点。

1. 纯系品种的种子生产

包括纯系品种、无性系品种、杂交种的亲本自交系、雄性不育系、雄性不育保持系、雄性不育恢复系、自交不亲和系等。这类品种长期自交和人为定向选择，遗传特点是个体的基因型纯合，群体的基因型同质、表现型整齐一致，决定其种子生产特点；种子生产技术比较简单，品种保纯相对较容易，在种子生产过程中，主要防止各种形式的机械混杂，适当隔离防止生物学混杂，进行去杂去劣保持或提高种子纯度。

对杂交种的亲本自交系、雄性不育系、雄性不育保持系、雄性不育恢复系、自交不亲和系等，种子质量要求更高。在种子生产上，除采用上述措施外，在隔离措施上要求更严格，以防止生物学混杂。

2. 自交蔬菜多系品种、混合品种及自交蔬菜农家品种

种子生产对个体而言要防杂保纯，对群体而言留种所选单株要尽量多，以防止少量留种引起遗传漂变。

3. 异交蔬菜开放授粉品种

这类品种种子生产有三个特点：

①要进行严格的隔离。

②要防止任何形式的近交。

③要进行大群体留种。

另外，无性系品种的遗传特点和遗传效应，决定种子生产特点与纯系品种相同，但营养繁殖易产生病毒，宜采用组织培养的脱毒技术。如马铃薯、大蒜等多采用组织培养技术进行种苗生产。

（二）蔬菜杂交种的种子生产

蔬菜杂交种的遗传特点，决定种子生产要年年制种，亲本纯度高，解决好母本的去雄问题。

不同蔬菜杂交种生产模式不同，杂交制种技术也不同。

在杂交种生产中，要生产纯度高的杂交种，更要生产高纯度的杂交种亲本，即自交系、三系（不育系、保持系和恢复系）、自交不亲和系及亲本品种。由于亲本间遗传差异较大，花粉的传播能力和对温度、光照、土壤条件的反应各不相同，采用严格的隔离措施、双亲花期调控技术等对杂交种生产非常关键。

三、蔬菜采种的方法

（一）蔬菜采种程序

1. 原原种种子生产

原原种是由育种者提供，经过试验鉴定有推广价值的新品种或提纯复壮的种子，也称育种者的原种，它具有最高的品种纯度和最好的种子品质。原原种的生产过程在不同程度上对群体有提纯及选择的作用，应在绝对隔离条件下生产。原原种的种子数量较少，要通过原种、良种繁育程序进行扩大繁殖。

2. 原种种子生产

原种是用原原种繁殖得到的种子，完全保持群体的遗传特性，在一定程度上对群体有提纯作用。原种的生产规模较原原种大，比生产用种小，但规模的大小与天然杂交率及蔬菜的结实率有关。

菜豆、番茄等自花授粉蔬菜种类的原种生产可在露地进行，而人工授粉或昆虫授粉的异花授粉蔬菜，如十字花科蔬菜、洋葱、胡萝卜等在温室内进行，若在露地采种，隔离要求较严格。

原种的标准：性状典型一致；生长势、抗逆性和生产力较强；种子饱满一致、发芽率高，无杂草及霉烂种子，无检疫对象。

3. 生产用种种子生产

利用原种生产的种子即为生产用种，也称为良种繁育。生产用种在生产时没有提纯过程，要进行去杂去劣。生产用种标准略低于原种，但要符合规定的种子质量标准。生产用种的生产与原原种和原种生产不同，如为了鉴定品种的抗病性及地区适应性，原原种和原种的生产在主栽区、城市郊区等病害较严重的地区繁殖，或进行人工接种；而繁殖生产用种时，在轻病区或无病区进行，从而获得高产优质的种子。

（二）蔬菜常规品种采种方法

常规品种或称固定品种，其遗传性相对稳定，经济性状优良一致。在采种上要严格保持品种的遗传稳定性和经济性状一致性。因此，在采种过程中除了对易杂交的蔬菜（品种）间进行严格隔离外，还要进行种株的选择。

1. 常规采种

常规品种采种法按采种所需时间（播种—食用器官形成—种子采收）的不同，分为三类：

①一年生采种。在自然条件下，当年播种既可形成食用器官又能当年采收种子的采种方式，如瓜类、多数豆类蔬菜、茄果类蔬菜以及黄秋葵、苋菜、甜玉米等属于一年生采种蔬菜。

②二年生采种。在自然条件下，播种当年形成食用器官，经过冬季后，于翌年春季抽薹开花结实、采收种子的采种方式，如白菜类、甘蓝类、芥菜类、根菜类，及豌豆、蚕

豆、菠菜、茼蒿、芹菜、芫荽等。

③三年生采种。在自然条件下，正常生产季节播种，蔬菜植株当年只进行营养生长，次年形成食用器官，第三年采收种子的方式，如春甘蓝和洋葱等蔬菜。三年生采种可分人为和自然两种。其中人为三年生采种是指春甘蓝，甘蓝叶球形成需要冷凉的气候，播种早，秋冬季形成叶球成为冬甘蓝，要推迟播种，在4—5月形成叶球，于秋季定植后，第三年抽薹开花结籽。这样采种获得的种子，正常季节播种后，第二年不易出现先期抽薹。洋葱在播种当年生长植株，次年温度升高、日照延长时形成鳞茎。在秋季种植鳞茎，到第三年春夏采收种子。

其中三年生采种法是在食用器官形成后，才能选留种株，在严格隔离选择下，可获得纯度高的优质种子。但三年生采种法花工大、占地时间长、易受病虫害和不良气候影响，种子产量较低，种子成本较高。

2. 采种生产

在采种生产上，为了保持纯度、提高种子产量、缩短采种时间、降低种子生产成本，采用大株、中株、小株相结合的采种方法。

①大株采种（移植采种）：按正常生产季节播种，在食用器官成熟时选择种株，称为大株。种株经处理后定植于采种田，于翌年采收种子，称为大株采种。大株采种通过多次选择，能保持优良种性，但种子产量较低、成本较高，多用于进行原原种和原种种子的生产。

②中株采种（移植采种）：播种期比大株采种延迟20~40d，密植度较高，在采收食用器官初步形成，品种特性已基本表现，可选择种株（中株）。种株定植后，于翌年采收种子。中株采种可根据品种性状进行选择，能保纯品种、防止品种退化，但比大株采种稍差，由于中株采种的种株后期生长较正常，种子产量高，常用于进行原种或生产用种的生产。

③小株采种（直播采种）：播种期比中株采种迟30~50d，有的种类如白菜、萝卜、芥菜等蔬菜可在第二年早春播种。小株采种要用种性纯正的原种播种在隔离条件好的采种田，不能进行食用器官选择，而只能进行去杂去劣，小株采种的种子纯度没有大株采种和中株采种好，种子产量高、占地时间短、种子生产成本低，但小株采种只用于生产用种的生产，不用于繁殖种子。

采用大株、中株、小株采种相结合的采种方法，可在白菜类、甘蓝类、根菜类、榨菜及部分绿叶蔬菜采种上应用。

（三）蔬菜杂交种采种方法

蔬菜杂交制种生产上，通过各种技术措施，提高种子的质量，提高采种种子的产量，降低种子生产成本。

1. 蔬菜杂交种的利用

蔬菜杂交种是由两个遗传性状不同的亲本，进行杂交产生的杂种一代（F_1 代）。杂种一代在生长势、生活力、抗逆性、产量等方面均优于双亲，称为杂种优势。杂交制种是杂种优势利用的必要手段，利用配合力高的亲本生产数量多、质量好的杂交种种子。

①高纯度亲本。优良的亲本是组配强优势杂交种的基础材料，配制杂交种的亲本，必须高度纯合，保持遗传稳定性，持续利用杂种优势。

②强优势杂交组合。利用杂种优势应具有强优势的杂交组合，具有明显的超亲优势。除产量优势外，还要有优良的综合性状、稳定性和适应性。

③简易制种工序。杂交种在生产上只利用杂种一代（F_1），杂种二代及以后各代杂种优势减退或丧失，不能继续利用，要求年年繁殖亲本和配制杂交种。大量生产杂交种时，要建立适应杂交种特点的种子生产技术体系，包括亲本繁殖与杂交制种体系，要有简单、易行、经济、实用的种子生产方法和技术，降低种子生产成本。

2. 人工去雄的利用

人工去雄即用人工去掉雄蕊或雄花、雄株或部分花冠，再任其与父本自然授粉或人工授粉，从母本株上采收一代杂种种子的方法。

人工去雄是杂种优势利用的常用方法，适用于雌雄异株与雌雄同株异花蔬菜，繁殖系数较高，雄性花器较大，容易人工去雄及用种量较小的蔬菜有茄果类、瓜类等。人工去雄是一种比较繁重的工作，对工作时间、工作质量要求严格。

3. 标志性状的利用

用某对基因控制显性或急性性状作为标志，区别真假杂交种。给杂交父本转育一个苗期出现的显性标志性状，或给母本转育一个苗期出现的隐性标志性状，用这样的父母本进行不去雄放任杂交，从母本上收获自交和杂交两类种子。播种后根据标志性状，在间苗时拔除具有隐性性状的幼苗，即假杂种或母本苗，留下具有显性性状的幼苗就是杂种植株。

4. 化学杀雄的应用

化学杀雄适用于花器较小、人工去雄较难的蔬菜。化学杀雄用某种化学药剂，在蔬菜生长发育期间喷洒于母本上，直接杀死或抑制雄性器官，造成生理不育，而对雌蕊没有影响，达到杀雄效果。

化学杀雄杂交制种方法简便，亲本选配自由，容易筛选强优组合。用 150 ppm 乙烯利水溶液，喷洒黄瓜幼苗，可促进雌蕊发育而抑制雄蕊发育，使植株多形成雌花，达到去雄效果。

5. 雌性系的利用

利用雌性系制种多在黄瓜上应用。雌性系没有雄花或雄花很少，将雌性系与父本系在同一隔离区内自由授粉，或采用人工辅助授粉的方法生产杂种种子，对有少量雄花的植株应进行自然授粉或人工辅助授粉的方法。将父母本按 1：（2~3）的行比种植，母本从现蕾期到开花期进行授粉。雌性系植株无雄花，不能自行繁殖后代，可在苗期（6 叶期）用 1500mg/L 赤霉素，或 300~500mg/L 硝酸银水溶液喷雾，诱导产生雄花在隔离区内自然授粉，获得雌性系种子。

菠菜和石刁柏为雌雄异株的异花授粉蔬菜。人工授粉花工较多，种子成本高，而且不易将母本系内的雄株全部拔除，种子纯度也不很高，而采用雌株系制种，可解决这个问题。

6. 自交不亲和性的利用

自交不亲和是自交不结实或结实极少，如十字花科、豆科、茄科、菊科等蔬菜。配制杂交种时，以自交不亲和系作母本与父本，按比例种植，可免除人工去雄，从母本上收获杂交种。如果双亲都是自交不亲和系，正反交差异不明显的组合，可互作父母本，收获的种子均为杂交种，如在大白菜、甘蓝、花椰菜、青花菜等蔬菜采种上普遍应用。

十字花科蔬菜自交不亲和系原种的繁殖，采用蕾期授粉方法：将自交不亲和系种株定植在温室或塑料大棚内，与其他近缘蔬菜或品种隔离，同时具有提早开花和防雨等作用；自始花期起选择大小合适的花蕾，用镊子剥去花蕾上部 1/3 的花被，立即用同系统的混合花粉授粉。在自交不亲和系原种的繁殖上，应特别注意以下三个问题：

①提高自交不亲和系原种的繁殖效率。采用剥蕾授粉方法繁殖自交不亲和系原种效率较低，为解决这一问题，在生产上主要是在花期用 5%的食盐水溶液喷雾，进行自然授粉或人工授粉。

②维持较低的花期自交亲和指数。较低的花期自交亲和指数是获得高纯度杂种种子的重要条件之一。在自交不亲和系原种的繁殖过程中，应同时测定花期自交亲和指数。

③防止自交不亲和系的自交衰退。十字花科蔬菜存在自交生活力衰退的特性，因此，在自交不亲和系育成后，减少有性繁殖次数，在每次繁殖时，尽量获得较多的种子量。如采用腋芽扦插及组织培养，提高自交不亲和系的原种繁殖系数，降低生活力的衰退。

利用自交不亲和系生产杂种种子要在隔离区内进行。父母本采用 1：1 隔行种植，在进行杂种种子的生产时，应注意选择适宜采种地区，同时调节父母本的花期，创造较长花期相遇时间，或在采种田内放养蜜蜂，在种子采收时应将正反种子分开，不能混合。

7. 雄性不育系的利用

两性花蔬菜中，雄性器官表现退化、畸形或丧失功能，称“雄性不育”。雄性不育是可遗传的，可育成不育性稳定的系统，称为雄性不育系。用雄性不育系作母本，可免去人工去雄，将不育系与可育的父本系种植于同一隔离区内，从不育系植株上采收的种子即为杂种种子。

雄性不育系原种繁殖较简单，不需蕾期授粉，将不育系与保持系种植在同一隔离区内，通过自然授粉即可从不育系植株上采收不育系种子。

利用雄性不育系配制杂交种，是蔬菜采种生产上应用最广、最有效的方法之一。为了保持和逐代繁殖不育系，要选育一个相应的能育系，称为保持系，保持系除了育性与雄性不育系不同外，其他性状与雄性不育系相同。

四、蔬菜采种的防杂提纯

蔬菜采种生产过程中，随着繁殖代数的增加，会发生品种纯度降低、典型性下降、种性变劣等混杂退化现象。采种过程要注意严格防止品种混杂退化，不断提纯复壮，保持优良种性。

（一）蔬菜品种混杂退化的表现

1. 蔬菜品种混杂退化的含义

品种混杂和退化是既相互联系又有区别的两个概念。品种混杂是指在一个品种群体中混有其他蔬菜或品种的种子或植株，造成品种纯度降低的现象。品种退化指品种原有种性变劣，优良性状部分丧失，生活力和产量下降，品质变劣，以致降低或丧失原品种在生产上的利用价值的现象。混杂了的品种，势必导致种性退化；退化的品种，植株高矮不齐，性状不一致，加剧品种的混杂。

2. 蔬菜品种混杂退化的表现

混杂退化的品种田间表现为植株高矮不齐，成熟早晚不一，生长势强弱不同，病、虫为害加重，抵抗不良环境条件的能力减弱，穗小、粒少等经济性状变劣等现象，造成产量和品质下降。

（二）蔬菜品种混杂退化的原因

蔬菜品种混杂退化的原因很多，不同蔬菜、不同品种及不同地区之间混杂退化的原因也不同。

1. 机械混杂

机械混杂是在种子生产与流通过程中，从播种到收获、加工、运输、贮藏，接穗的采集，种苗的生产、调运等，在繁育的品种中混入异品种、异蔬菜或杂草种子，造成的机械混杂。

机械混杂有两种情况：一是品种间混杂，混进同一种蔬菜其他品种的种子，这种混杂的田间去杂和室内清选较难区分，不易剔除；二是种间混杂，即混进其他蔬菜和杂草的种子，这种混杂无论在田间或室内都较易剔除。

2. 生物学混杂

有性繁殖的蔬菜种子田，由于隔离不严或去杂去劣不及时、不彻底，造成异品种花粉传入，参与授粉杂交，使品种纯度和种性降低，称为生物学混杂。

有性繁殖蔬菜有一定的天然杂交率，常会发生生物学混杂，在异交和常异交蔬菜上较普遍。生物学混杂发生后，会随世代的增加而加重，混杂速度加快。

3. 品种性状分离和基因突变

通过杂交育种可育成纯系品种，但绝对的纯系是没有的。一个自交 6~8 代的株系，在主要性状上表现一致，但总会存在残存的异质基因，特别是由多基因控制的数量性状，异质基因会发生分离，从而使品种的典型性、一致性下降，纯度降低。在自然条件下基因突变率较低，但多数突变为劣变，随着繁殖代数增加，劣变性状积累，会导致品种混杂退化。

4. 不正确的人工选择

在蔬菜种子生产过程中，单株选择可保持和提高品种典型性和纯度，但单株选择不正确，会加速品种的混杂退化。

在异交蔬菜品种提纯选择过程中，由于留种株数过少或随机抽样误差的影响，发生基因流失（基因漂移），改变群体的遗传组成，导致品种退化。

5. 不良栽培管理与环境条件

品种优良性状的表现必须有良好的栽培管理与环境条件，优良品种长期处于不良条件下，会导致群体生产力下降。马铃薯块茎膨大适于较冷凉的条件，由于夏季高温的影响，马铃薯块茎膨大会受到抑制，病毒繁衍速度快，种薯严重退化，影响产量和品质。

（三）蔬菜采种防杂提纯措施

针对品种混杂退化的原因，坚持“防杂重于去杂，保纯重于提纯”的原则。从新品种利用开始，加强管理，进行全面质量监控。

1. 建立种子生产队伍

建立一支有组织、有能力、懂技术的种子生产队伍，搞好种子生产。

2. 建立健全种子生产体系

新品种经审定后推广，各级原（良）种场迅速繁殖生产，同时对推广的品种进行提纯更新。

常规品种经审定后，由育种单位提供种子，由种业企业组织生产原种，由种子生产基地或种子生产专业户生产良种，提供生产用种。

杂交种的生产由种业企业或特约农户完成。在种子生产上，实行统一技术规程、统一播种、统一防杂提纯、统一去杂去雄、统一收购，以确保种子质量和数量。

3. 采取有效措施，严防机械混杂

①严格种子接收和发放手续。在种子的接收和发放过程中，要检查袋内外的标签是否相符，认真鉴定品种真实性及种子等级，杜绝人为的差错。

②合理安排轮作。种子田要合理轮作，施用充分腐熟的有机肥，及时中耕，清除杂草。

③把好种子处理和播种关。播种前晒种、选种、浸种、催芽、拌种、包衣等种子处理环节，要做到不同品种、不同等级的种子分别处理，用具和场地由专人负责，清理干净，严防混杂。在处理或播种同一品种不同级别的种子时，应先处理或播种等级高的种子。不同品种相邻种植时，应有隔离道。

④把好种子收运与贮藏关。种子田必须按品种单独收获、运输、脱粒、晾晒、贮藏，严格隔离，杜绝混杂。不同品种分别贮藏、挂好标签，防止混杂。

4. 采取隔离措施，严防生物学混杂

种子田生物学混杂就是天然杂交，包括制种区外非父本花粉进入制种区参与授粉，因此，要严格隔离和清除散粉的杂株。

严格隔离是有性繁殖蔬菜防杂提纯的关键措施。异交和常异交蔬菜种子生产时，要设置足够隔离区，严禁种植其他品种。自交蔬菜天然杂交率较低，也要有隔离措施。隔离方法有空间隔离、时间隔离、自然屏障隔离和设施隔离（套袋、罩网、大棚、温室等），可因时、因地、因蔬菜、因条件进行选择。对珍贵的育种材料可用套袋等措施，防止外来花粉的污染。

5. 严格去杂、去劣和选择

去杂是去掉非本品种的植株；去劣指去掉感染病虫害、生长不良的植株。去杂去劣，

一是防止制种区内非父本花粉的天然杂交，即防止生物学混杂；二是去掉异型株，提高种子纯度。在种子生产过程中，应严格去杂去劣，并分期多次进行，做到及时彻底。常规品种以品种成熟期为主，杂交制种和亲本繁殖以开花散粉前为主，做到随见随去。原种生产田和亲本繁殖田去杂去劣更要严格，不能确认的怀疑株应一并去掉。选择时必须掌握品种的特征特性，以典型性为依据，提高和保持品种纯度。

6. 改善环境条件与栽培技术

采用科学的管理措施，提高种子质量，延缓品种退化。在冷凉的高纬度、高海拔地区生产马铃薯种薯，能有效防止病毒侵染，减轻种薯退化。

针对品种混杂退化的原因，利用低温、低湿条件贮存原种，定期更新品种，减少品种的繁殖世代，减少混杂退化概率，延长品种寿命，保持品种优良种性。采用组织培养生产脱毒苗，可防止因病毒感染引起的品种退化。

（四）蔬菜采种的隔离技术

1. 授粉方式与隔离的关系

蔬菜有性繁殖中的自花授粉、异花授粉等方式，在采种过程中都要采取不同程度的隔离措施，以保证生产种子的纯度和种性。授粉方式不同，隔离要求也不同，其中异花授粉蔬菜要求最严，常异花授粉蔬菜次之，自花授粉蔬菜要求最低。

此外，虫媒花蔬菜要求空间隔离较远，风媒花蔬菜要求空间隔离较近。

2. 隔离方法与技术

种子生产部必须进行安全的隔离，以防止生物学混杂。隔离方式多采用空间隔离、时间隔离、自然屏障隔离和高秆作物隔离等方式。以空间隔离较普遍。

①空间隔离。采种田（包括亲本繁殖田）周围在一定距离内不允许种植相同蔬菜的其他品种。隔离距离的远近因蔬菜种类、传粉方式及种子级别而不同，通常自交蔬菜隔离距离较小，异交和常异交蔬菜要求较严；杂交种的亲本繁殖较杂交制种严；靠风力传粉的蔬菜要求隔离距离较小，借昆虫传粉的蔬菜要求较严。在安排隔离距离时，应考虑传粉时的风向、风速、空气湿度、地面状况、外来花粉源的大小、制种田的面积等因素。

②时间隔离。时间隔离有困难，可通过调节播期，使亲本繁殖或杂交制种的花期与其周围同类作物的花期错开，避免外来花粉污染。隔离时间根据蔬菜花期的长短确定。

③自然屏障隔离。利用丘陵、树林、果园、村庄等自然屏障进行隔离。许多地方利用高山、森林等自然屏障隔离进行采种，效果很好。

④高秆作物隔离。在采种田四周种植玉米、高粱、向日葵等高秆作物，隔离效果较

好。此外，珍贵稀有的采种材料可用套袋或网纱隔离。

（五）蔬菜采种的提纯技术

1. 蔬菜采种提纯的方法

蔬菜采种提纯就是获得相对纯度、生命力强的种子。

①选择优良单株。在品种提纯的自交系、不育系、保持系及恢复系中，选择性状典型、丰产性好的单株。

②株行比较。将选择的单株种成株行，在生长期观察性状表现，在收获前决选，淘汰杂劣株行，分行收获优良稳定的株行。

③株系比较。上年入选的株行各成为一个单系，每株系一区，对典型性、丰产性、适应性等进一步比较试验。去杂去劣混合收获，产生原典型性状的种子。

④混系繁殖。将株系的混合种子扩大繁殖，生产原种种子。

2. 蔬菜提纯的对象

①原种、生产用种。对于自花授粉蔬菜品种，一般采用 3 级提纯，即选株、株行比较、株系比较的混系繁殖程序。生产用种采用 2 级提纯法，即选出优良株行混合收获、繁殖原种。对常异花授粉的品种，多采用 3 级提纯法。

②杂交种亲本。杂交种亲本有自交系、不育系、保持系、恢复系等，选择优株套袋自交，收获后混合生产原种。

第三节　蔬菜采种栽培管理技术

一、选择播种期与及时早栽种株

蔬菜采种栽培的播种期与一般蔬菜栽培不同，播种期和定植期的确定，主要保证种株的发育和开花结籽在最适宜的季节。如茄果类蔬菜的播种期相应推迟，而在杂交制种时，为了使父母本的花期相遇，常采用分期播种的方法。繁殖二年生的蔬菜种子时，选择合适的播种期，如早熟种胡萝卜播种过早，易生长过度、衰老，应比晚熟种迟播 15~20d；又如结球白菜、萝卜和甘蓝等两年生蔬菜种株，在播种不同熟性的品种时，应注意选择适当的播种期，要求营养体生长到具有本品种固有性状，能根据其特征挑选种株为适宜，这样的种株耐贮藏，次年栽植后生长势也很旺盛。各类种株在次年栽植时，以及时早栽为宜，因为春天的较低气温、空气和土壤湿度都适合于根系和叶簇的生长发育，为将来的开花、结实打下良好的营养基础，由此可获得较高的种子产量。在我国南方地区，种株在露地越冬时，应注意预防寒流低温的袭击。

此外，还要对种株进行处理，如花椰菜采种时，对花球进行多次切割，使花球松散，有利于抽薹、开花；大型萝卜采种时，对肉质根进行部分切割，防止腐烂。

二、注意轮作与选择土壤

采种田块要进行轮作，避免发生相同的病虫害，影响种子产量。瓜类的枯萎病是由镰刀菌侵染引起，茄果类的青枯病是一种细菌病害，均可由土壤带菌传播；有莴苣蝇为害的附近地块，不宜安排莴苣采种，以免受害；还有胡萝卜种株发生黑腐病，与胡萝卜蝇的为害有关。蔬菜采种地与种植商品菜一样，应以不同的科进行轮作，如今年是茄科蔬菜的采种地，次年可安排十字花科蔬菜采种，第三年可安排瓜类蔬菜，以减轻相同病虫害的干扰。对病害严重的地块，或具有对多种蔬菜均可侵染的土传病地块，应改种水稻等大田作物 3~5 年，以消灭土壤中的病原，然后再种植蔬菜或安排蔬菜采种。

采种田土壤耕作层应较深，以 20~30cm 为宜。土壤有机质含量应较高，具有优良的土壤物理性、化学性，土壤透气性好，既能保水又易排水。

三、合理施肥和浇水

（一）施肥

栽植两年生蔬菜种株，越冬时应在种株上盖一些腐熟的有机肥料，可起防寒作用，以后中耕时压到土壤里，又起到施肥的作用。

采种田除豆类当年不施或少施有机肥料外，其他的采种田均要施用较大量的有机肥料，以改善土壤的保水、保肥能力和透气性。酸性土壤应适施石灰，以中和土壤溶液的酸性，提高 pH 值。施用氮、磷、钾等营养元素时，要以获得高产、优质的种子为目的，与获得优质的商品菜有所不同。如菜豆，为食用鲜嫩的豆荚，应控制磷肥的用量，氮肥的用量要略多；而为获得优质菜豆种子和促进种子成熟，应增施磷、钾肥料。为增强番茄的抗寒力，在开花前必须用磷、钾肥来培育，氮肥只在早期第一个花序的幼果形成之后作为追肥施用。其他以采收种子为目的的瓜、果蔬菜，均应注意增施磷、钾肥料。以食用营养体为主的叶球、根和茎等蔬菜，对种株用肥尤应注意，如甘蓝种株栽植后开始生长时，要用氮、磷、钾混合肥作追肥，种株开花前要施用磷、钾混合肥。

（二）浇水

蔬菜采种田里的浇水，也与种商品菜不同。如种植黄瓜以采收嫩瓜为商品时，在干旱无雨季节，每隔日浇一次水；而以采收种子为目的的田块，浇水次数大大减少，到种瓜变黄后，停止浇水。丝瓜也是这样，要使果实肉质柔嫩，纤维不发达，必须供给多量的水；而收种子的丝瓜，则需要干旱。番茄采种田在幼苗定植后，要经常浇少量的水，以保持土壤中有均匀的水分，防止初期幼果的脱落，提高果实和种子的产量。其他蔬菜种株，也要求浇水均匀，到大部分种子蜡熟时，才停止浇水，采种期间严防田间积水。在实际操作中，要依天气、土壤和种株生长状况，进行适宜的浇水管理。

四、合理密植与种株管理

（一）密植

黄瓜、西葫芦和茄子、甜辣椒等蔬菜，在采种时每株种株只留种果一个到几个，比采收新鲜商品嫩果数少得多。因此，采种田的种植密度应增加四分之一至二分之一，以提高单位面积的采种量。

（二）支架

洋葱、大葱及十字花科蔬菜的种株，因薹秆高，在结种子后，形成上重下轻，容易倒伏，还会造成种株发芽，影响种子的质量和产量，因此，要在采种田里按行立杆，而后拉绳或粗铅丝，以利将种株固定。有的蔬菜种株茎秆坚硬挺拔、枝条交叉后能互相支撑，在周围立架围绕即可，以防风、雨影响，引起倒伏。

种株及时摘除老叶、病叶和剪除部分枝条。如结球白菜、甘蓝等种株栽植后，当茎生叶开始生长时，及时剥除干腐老叶或病叶，以免招致细菌寄生引起腐烂，剥除后在短缩茎或伤口上，涂上代森锌等杀菌防病农药，效果就更好。对于胡萝卜、洋葱与花椰菜等花期较长或花较多的种株，适当剪除弱枝和多余枝条，以促进早结种子，缩短种子成熟期。

五、选择种株与分次采种

（一）选择种株

一年生或二年生蔬菜种株，在不同生长发育阶段，选择具有本品种特征的幼苗、成株或果实，及时淘汰病株、弱株、杂株或不能留种的果实。

（二）分次采收种子

对一些花期长、种子成熟期有先后的蔬菜，如莴苣、胡萝卜和洋葱等，可将种子分两次采收，将先成熟的种子先收，后成熟的迟收，将种球和花茎一起割下采种。这类蔬菜种子宜在无风、露水未干时收割，以免种子飞散或失落。十字花科蔬菜和豆类的种子，成熟后就容易开裂，在收获时，应安排在清晨趁露水未干时进行，以免遭受损失，降低种子产量。

六、田间管理与防治病虫

中耕、除草和病虫防治，是获得高产和优质蔬菜种子的重要措施。中耕可增加土壤中的氧气，有利于微生物活动，改善种株根系环境，有利于根系生长；除草可降低肥料消耗，减少病虫寄生场所，避免杂草种子混入采种的种子中，提高种子净度。中耕、除草管理技术与生产商品菜相同。

蔬菜采种田以农业综合防治为基础，优先采用生物防治措施，合理使用高效低毒农药，创造有利于蔬菜种株生长、不利于病虫孳生的条件，从而避免或减轻病虫的为害。采种田施用农药种类及技术，与生产商品菜相同。

七、辅助授粉

自花授粉的蔬菜采种，授以品种内异株花粉，可收到较好效果。而天然异花授粉蔬菜，增放蜂群，可提高种子产量和种子品质。白菜类、甘蓝类、萝卜类、瓜类和洋葱等蔬菜利用自交不亲和系、雄性不育系或雌性系配制天然杂交种子时，更需要放养蜜蜂，一般每亩采种田放置一箱蜜蜂，以提高杂交种子的产量和质量。

第四节　蔬菜种子的采收与贮藏

一、蔬菜种子的采收

（一）采收时期

选择适宜的种子采收时期是获得高产优质种子的关键之一。采收过早，种子产量低，质量也差；采收过迟，如十字花科蔬菜（除萝卜外）、部分豆类蔬菜、伞形花科蔬菜及百合科蔬菜等易裂果，部分种子在采种田内自然脱落，种子产量低；又如菜豆种子成熟期间，遇到阴雨天在荚内易发霉，造成大量豆荚腐烂，降低种子产量和质量；杂交制种时，果菜类蔬菜种果采收过迟，部分种果会脱落，造成腐烂或丢失杂交标记，降低种子产量。

确定种子采收期，重点考虑种子成熟度、气候变化及蔬菜种类与品种的生育特性等。十字花科蔬菜及矮生豆类蔬菜种荚有80%枯黄时即可采收，番茄、辣椒在果实完全转红后采收，茄子则在果实转为老黄色后采收，黄瓜果实呈黄棕色时采收。

（二）采收方法

蔬菜种子采收方法因种类和品种不同而异。

1. 蔬菜种子采收次数

蔬菜种子（果实）的采收次数可分为一次性采收和分次采收两种。

①一次性采收。将同一植株或同一采种田的种子一次性采收完毕。如矮生豆类、十字花科、伞形花科、葫芦科、菊科及藜科蔬菜等为一次性采收。

②分次采收。在同一植株上的种子，分两次或两次以上的采收方式。如茄果类、蔓生豆类、百合科等蔬菜种子成熟一批采收一批，但采收期较集中。

2. 蔬菜种子采收部位

蔬菜种子采收可分为不同的采收部位。

①整株采收。矮生豆类蔬菜，在种子成熟时，拔起整株采收种子。

②采收地上部分。十字花科、伞形花科蔬菜，在种子成熟后，用镰刀在地面处收割地上部分。

③采收花序。百合科等蔬菜种子成熟后，割下着生种子的花序采收种子。

④采收种果。茄科、葫芦科、蔓生豆类蔬菜等，在种果成熟后先采摘种果，随后采收种子。

（三）蔬菜种子的后熟

种子后熟是指着生种子的器官，如果实、花序或植株，采收后存放一段时间再脱粒的方式。

种子后熟可提高种子产量、改善种子的播种品质。因为蔬菜开花期很长，有的要在60天以上，种子的形成与种子的成熟期有先后，在较短的时间内将全部种子采收后，种子的成熟度相差很大，因此采收后要经过后熟处理。

种子的后熟效果十分明显，能提高种子千粒重和发芽率，可增加饱满种子数，提高种子产量。

二、蔬菜种子的脱粒与清选

蔬菜种子脱粒是将种子与母株分离的过程，种子清选则是将饱满种子与杂质分开。通过脱粒和清选，使种子具有较高的清洁度、饱满度和整齐度，可正确计算用种量，同时减少种子贮藏期间的病虫为害。

（一）筛选法

豆科蔬菜的荚果、十字花科蔬菜的角果、百合科蔬菜的蒴果、伞形花科蔬菜的离果、菊科蔬菜的瘦果等常采用筛选法。对晾干的植株或各类花序、果实通过磙压、敲打的方法，使种子脱粒，然后筛去杂物。筛选法常与风扬法相结合，在脱粒过筛后进行风扬，分离杂质，在无风天亦可使用排风扇或电扇进行风扬。

（二）干脱法

蔬菜的肉质果老熟后，不腐烂而成干果，可直接剖果脱粒，如辣椒、丝瓜及某些葫芦品种。

（三）发酵法

蔬菜种子与果实中的果肉、胎座组织及种子周围的胶状物粘连，不除去胶状物会影响种子发芽。在采种上常采用发酵法，将果实捣碎，盛放在非金属容器中（不加水），在20~30℃的气温下发酵1~2天，当上层出现一层白色霉状物时，捣烂后在水中漂洗，达到清选的效果，如番茄、茄子、黄瓜等均采用发酵法。

（四）酸（碱）解法

番茄、黄瓜等蔬菜种子虽可采用发酵法，但当种果采收期遇到持续阴雨天，易造成种子不能干燥。然而采用酸（碱）解法，可在较短的时间内（30min左右）即可使种子与果肉分离，利用短时间、间歇性的晴朗天，及时将种子晒干。

（五）水洗法

根据种子和夹杂物比重不同，分离清选种子。百合科蔬菜采用锤打法脱粒，而葫芦科的西瓜、甜瓜、冬瓜等剖瓜取种子，直接用流水漂洗，将秕粒及杂质漂去，留下饱满种子。漂洗后及时将种子晾干。

三、蔬菜种子的干燥

种子通过干燥处理，可减弱种子内部生理生化变化的强度，消灭或抑制仓库害虫及微生物的繁殖，达到安全贮藏的目的。

种子的干燥程度，取决于空气湿度和种子含水量。空气湿度低，种子内水分向空气散发的速度快，种子干燥也快。此外，种子的干燥，取决于种子或果实的结构、种子内含物的性质、温度、风速及种子与空气接触面的大小，如温度高、风速大、种子与空气的接触面大，种子干燥快，反之则慢；果实或种子表面疏松、粒小、长形或表面不规则的，容易干燥。相反，种子或果实表面有蜡质层，种子或果实内蛋白质含量高，粒大、呈球形，较难干燥。

种子干燥方法有三种：

（一）日光干燥法

将蔬菜种子摊在竹匾或芦席上，在阳光下晒干，注意不能在水泥地上曝晒，以免地面温度过高伤害种子。为加快种子干燥，摊晒时要薄摊，或将种子摊成波浪状，增加翻动次数，可加速水分散发。遇到阴雨天时，空气湿度过大，将种子暂时进行堆藏，上面覆盖防潮物，待天晴朗时再摊开晒干，或在室内薄摊，并经常翻动，以免种子发热变质。

（二）机械干燥法

春末夏初多雨季节，空气湿度大，正值十字花科蔬菜及果菜类蔬菜种子采收期，常采用烘干机或风干机干燥种子。

（三）红外线干燥法

红外线烘干机是以红外线为热源的履带式烘干机，可避免种子烘焦或干湿不匀，能杀菌灭病，种子烘干效率高，同时提高种子发芽率。

四、蔬菜种子的贮藏与寿命

（一）蔬菜种子的贮藏

蔬菜种子都是经过贮藏后才播种的。蔬菜种子经过贮藏后，能否用于播种，决定于种子是否具有较高的活力，与贮藏种子的条件、贮藏时间等也有密切关系。

蔬菜种子进仓前必须了解品种名称、良种等级、含水量、有否检疫性病害等。不同品种、不同年份采收的不同种子级别，应分开贮藏。无论是袋装或罐藏，在包装容器内均应注明品种名称、等级、含水量、数量、生产单位和生产日期。

种子进入仓库后，与环境条件形成一个整体。干燥而休眠的种子，生命活动微弱，但没有停止。

蔬菜种子的贮藏方法：

1. 蔬菜种子大量贮藏

①仓库的修建与清理。仓库应选建于地势高燥、排水良好、通风透气的地方。仓库结构应具有保温绝热的隔墙，防潮、防鼠的墙壁和天花板。如用旧房改建，应彻底清扫仓库上下四周，墙壁、梁、柱、地面裂缝洞穴等，必须剔除洞隙内的种子、虫子、杂物后，清扫喷药、熏蒸，再用水泥、石灰、油灰等砌平。仓库四周清除草堆、杂草等，搞好环境卫生。

②晒场用具消毒。晒场用具包括麻袋、风车、芦席等，必须经常用刮剔、敲打、日晒、水烫等方法进行处理，以防机械混杂和夹带病虫杂菌等。

③仓库消毒。清扫后的仓库及用具等须用敌敌畏、敌百虫等杀虫剂喷洒，消灭残留仓库的害虫。

④仓内装袋与堆垛。蔬菜种子品种多，大多数采用袋装，分品种堆垛，在堆的下面垫木架，有利通风。堆垛排列与仓库同方向，种子包离仓壁 50cm 为通道，以利检查和取用种子。

⑤仓库管理。仓库管理主要是保持或降低种子含水量、调节仓库温度、控制仓内害虫与微生物活动，确保贮藏安全，延长种子使用年限。

2. 蔬菜种子少量贮藏

蔬菜种子少量贮藏比较普遍。

①低温、干燥、真空贮藏。一般在农业院校及研究院所使用。人工控制温度、湿度及通气条件（低温、干燥、真空），能降低种子代谢活动，延长种子寿命。

②干燥器内贮藏。在研究院所及种子生产单位采用。将清选晒干的种子放在纸袋或布袋中，然后在干燥器内贮藏。干燥器种类很多，有玻璃瓶、小口有盖的缸、锡罐、铝罐或铁罐等，其特点是小口、大肚密封。在干燥器底部盛放干燥剂，如石灰、氯化钙、变色硅胶等，上放种子袋，然后加盖密封。干燥器存放在阴凉干燥处，每年晒种一次，然后换上新的干燥剂。干燥器贮藏效果好，保存时间长，种子发芽率高。

③整株或带荚贮藏。成熟后的短角果如萝卜，还有果肉较薄、容易干缩的辣椒，可整

株拔起；长荚果如豇豆可连荚采下，扎成把。整株或扎成把，可挂在阴凉通风处干燥，至农闲或使用时脱粒。操作方便，但易受病虫为害，保存时间较短。

（二）蔬菜种子的寿命

1. 种子寿命的概念

蔬菜种子采收后，在一定的环境条件下，能保持生活力的期限，称为种子的寿命。每一粒种子都有一定的生存期限，当一个种子群体，如一个蔬菜品种同时同地采收的种子，发芽率降低到原来的50%时所经历的时间，称为该种子的平均寿命。如某批番茄种子采收时的发芽率为96%，贮藏5年后降为48%，则说明该批番茄子的平均寿命为5年。

根据各类蔬菜种子寿命的长短，可分为三类：长寿命种子，有蚕豆、番茄、丝瓜、南瓜、西瓜、甜瓜、茄子、白菜、萝卜、莴苣等；中寿命种子，有甜玉米、毛豆、辣椒、菠菜、胡萝卜等；短寿命种子，有葱蒜类种子。种子寿命的长短与品种、采种地区、采种时的质量及种子采后处理等有关。

蔬菜种子寿命与生产上的利用年限有密切关系，种子寿命越长，利用年限越多。但种子寿命不等于种子利用年限。

2. 影响种子寿命的因素

影响种子寿命的因素主要是温度和湿度。

种子的贮藏与寿命，对蔬菜采种具有较大的指导意义。应按计划生产各种蔬菜种子，特别是寿命较短的种子。贮藏前种子的生理状态、清洁度会影响种子的寿命，在进仓前要严格把关，创造良好的贮藏条件，降低温度、湿度，与外界环境隔绝，并定期抽样检查种子的含水量、发芽率等，发现问题及时处理。

第三章　蔬菜育苗技术

第一节　蔬菜传统育苗实用技术

一、配制营养土

（一）营养土与培养壮苗的关系

蔬菜幼苗的生长，除具备良好的自身素质（内因作用）外，还受肥料、水分、光照、温度、气体等环境因素（外因作用）的影响。蔬菜根系吸收作用的强弱与营养土的温度、湿度、酸碱度和透气性等有密切关系。

1. 营养土的肥沃度

幼苗的吸肥量尽管很小，但由于其密度大，单位时间内单位面积上的需肥量却较大，因此，苗床土要求很肥才能保证秧苗的生长需要。如果土壤贫瘠，营养供应不足，秧苗生长发育受阻，就会引起僵苗不发。为了保证土壤肥沃，应合理地增施多种肥料，虽然氮肥是培育壮苗、生长叶片的主要肥料，但不可重施、偏施氮素化肥，否则会导致苗子徒长，抗性降低。

2. 土壤中矿质盐类的浓度

幼苗根系所能忍耐的土壤中无机盐的浓度要比成株期小得多。因此，既要使床土中含有丰富的矿质盐类，又要不使土壤中盐的浓度过高。为了达到这个目的，必须使床土中含有较高的有机质，靠有机质中的腐殖质胶体吸附矿质元素，使土壤中盐的浓度保持较低的水平。当土壤溶液中的矿质元素被作物利用以后，腐殖质胶体吸收的矿质元素可释放出来供给根系利用。

3. 床土的酸碱度

蔬菜适合于中性至微酸性土壤，生长发育最适的 pH 值为 6.5 左右，可适宜的范围为 pH 值 5.5~7.5。土壤酸性过强（pH 值<6）时，可导致根的吸收功能减退。酸性土壤中，磷肥易与铁、铝化合形成难溶性的磷酸铁、磷酸铝，这些物质不但很难被根吸收，而且能

减弱土壤中微生物的活力。土壤碱性偏大（pH 值>7.5）时，不但对根有害，而且可使磷、锌、锰等矿质元素的溶解度大大降低，与钙结合形成磷酸钙，不能被根吸收利用。有的地方用塘泥、河泥来配制育苗床土，切记使用前一定要先播上几粒种子看其能不能出芽，并观察其长势，以试验它的酸碱度高低。有条件的可用 pH 试纸测试。

4. 培养土的透水性、保水性及床土的通气状况

在团粒结构良好的土壤中，各个团粒之间的孔隙大，容易透水，并可容纳大量空气，而在每个团粒之内都能保持较高的水分。故在配制床土时应施入大量腐熟的有机肥，以保持床土较好的团粒结构。

（二）营养土应具备的条件

蔬菜幼苗对于土壤温度、湿度、营养和通气性等都有较严格的要求，营养土质量的好坏直接影响着幼苗的生长发育。根据蔬菜秧苗生长发育的特点，第一，要求营养土必须含有丰富的有机质，一般要求有机质的含量不低于 5%，以改善土壤的吸肥、保水和透气性；第二，要求营养土营养成分完全，具备氮、磷、钾、钙等秧苗生长必需的营养元素（氮、磷、钾的含量分别不低于 0.2%、1%和 1.5%）；第三，要求营养土具微酸性或中性（pH 值 6.5~7），以利根系的吸收活动；第四，要求营养土不能有致病病原和害虫（包括虫卵）；第五，要求营养土具有一定的黏性，以保证秧苗移植时土坨不易松散。

（三）营养土的基本配方

1. 有机肥为主的配方

（1）播种床配方

有机肥 4 份，园土 6 份。同时在每 1000 kg 粪土中加入尿素 0.2 kg，磷酸二铵 0.3 kg，草木灰 5~8 kg，50%甲基硫菌灵可湿性粉剂或 50%多菌灵可湿性粉剂 100 g，2.5%百虫脘可湿性粉剂 1 kg。

（2）分苗床配方

由于分苗床需要床土具有一定的黏性，利于起苗时土坨不散。因此与播种床相比要加大园土的量，一般用有机肥 3 份，园土 7 份。其他肥料与杀菌、杀虫剂的量和播种床相同。

2. 无机肥为主的配方

1000 kg 园土，加尿素 250 g，普通过磷酸钙 1500~2500 g，50%硫酸钾 500~1000 g，硼、镁、锌肥各 200 g，烘干鸡粪 20 kg，1.8%爱福丁乳剂 250 g，70%敌克松可湿性粉剂 150~250 g。

（四）营养土配制技术

1. 配制时间

在播种育苗前60d，为配制营养土较佳时间。

2. 园土的选择

园土要选择近3~5年内未种过茄科作物的中性肥沃土壤，同时最好也不用前茬是蔬菜地和种过豆类、棉花、芝麻等作物（这些作物枯萎病发病率高且重）的土壤，以前茬是葱蒜类蔬菜的园土较好。取土时要取地表0~20 cm的表层土。理想的园土应该是疏松肥沃，通透性好，无砖、石、瓦砾等杂物，无草籽、病菌、害虫及虫卵。

3. 有机肥的选择

低温季节育苗宜选用马粪、鸡粪、羊粪、豆饼、芝麻饼等暖性肥料。高温季节育苗选用鸭粪、猪粪、牛粪、塘泥等冷性肥料为好。这些有机肥，可以单用，也可以混用，但不论怎么使用，在使用前必须将有机肥充分腐熟发酵，塘泥晒干碾碎，以杀灭其中的虫卵和有害的病原菌，减少苗期病虫害的发生；同时有机肥充分发酵后，其中的有机质能够更方便幼苗吸收利用。

4. 营养土的消毒处理

营养土的消毒是营养土配制过程中的重要环节。

（1）福尔马林消毒

播种前20d，用40%福尔马林200~300 mL加水25~30 kg，消毒床土1000 kg。在营养土配制时边喷边进行混合，充分混匀后盖上塑料薄膜，堆闷7d，然后揭去覆盖物，晾2周左右，待土中福尔马林气体散尽后，即可使用。为加快气体散发，可将土耙松。如药味没有散完，可能会发生药害，不能使用。此法可消灭猝倒病、立枯病和菌核病病菌。

（2）高温消毒

夏秋高温季节，把配制好的营养土放在密闭的大棚或温室中摊开（厚度在10 cm左右较适宜），接受阳光的暴晒与棚室的蒸烤，使室内土壤温度达到60℃，连续7~10d，可消灭营养土中的猝倒病、立枯病、黄萎病等大部分病菌。

（3）化学药剂喷洒床面消毒

用50%多菌灵可湿性粉剂或70%甲基硫菌灵可湿性粉剂消毒。用上述药剂4~5 g，先加水溶解，而后喷洒到1 m^2大小及厚7~10 cm的床土上，拌和均匀。加水量依床土湿润情况而定，以充分发挥药效。

二、播种前的准备

（一）育苗设施的选择

苗床性能的好坏主要由育苗设施决定。育苗设施有许多种，根据其构造的不同，分为冷床（阳畦）、温床、塑料小棚、塑料中棚、塑料大棚、日光温室，以及遮阳、防雨和防虫设施等几类。不同类型的育苗设施，其性能不同，用于蔬菜育苗时产生的效果也有很大差异。因此，在生产中，应根据栽培季节、栽培方式、资源条件等因素综合考虑，以选择适宜的育苗设施。

作为育苗用的保护设施，一般要选择避风向阳、地势平坦、排灌方便、地下水位低、光照和通风条件良好、有电力条件、交通方便，并且距离定植田较近的地块进行建造。

（二）播前检查

1. 设施检查

育苗前首先对育苗设施进行一次检查，主要检查水、电是否畅通及保温、降温性能是否良好等。对电热线试通电，查看温度分布状况。酿热温床查看床面温度是否均匀等。

2. 品种检查

主要是对需用数量的检查及发芽率的复检。

（三）苗床制备

1. 铺营养土

准备进行撒播育苗的，在播种前7~10d，把配制好的营养土铺在做好的育苗床上，整平压实，厚度10 cm左右，然后浇水，待播。每平方米床面约需营养土120 kg。

2. 装钵（盘）与摆钵（盘）

如果选择育苗钵或者穴盘进行育苗，事先要把配制好的营养土装入育苗钵（盘）内，然后把装好土的育苗钵（盘）摆入育苗床中。育苗钵（盘）装土不可过满也不可过少，使其与钵（盘）口齐平即可（浇水后会自然下陷）。

3. 浇水

在播种前1d，苗床要浇透水（为保证苗床水分充足，这次水一定要浇透）；育苗钵育苗的，播种前再逐钵浇水。

水下渗后即可播种。利用营养土方育苗的土方划好后，直接进行播种即可。

4. 种子处理

培育壮苗，是育苗的目的，也是获得高产的关键。为减少病虫害的发生，缩短出苗时间，进而培育出健壮的秧苗，一般要在播种前进行种子处理。

（1）选种

母大子肥，众所周知。饱满的种子内积累的养分多，它的胚根粗，子叶肥，胚芽壮，故发芽出土的幼苗也茁壮。瘦秕的种子，由于种子内含物少，不但影响发芽率和发芽势，即使出苗，株体也弱小，所以饱满的种子生活力强，发芽率高，发芽势猛，出苗快且整齐，幼苗较壮，抗逆性也强；生活力弱的种子出苗慢，不整齐，幼苗弱，抗逆性差。

由于种子的成熟度不太一致，加之采收储藏过程中各种因素引起的受潮、高温、病虫为害等，都会导致种子生活力的降低。故播种前种子一定要进行精选，并做好发芽率试验。

（2）晒种

种子选好后，在浸种前应晒种 2~3d，每天晒种 2 h，以使种子充分干燥，促进种子后熟，提高种子的发芽势，促进齐苗及增加幼苗的健壮度。在晒种时要防止儿童、大风、昆虫、飞鸟、家禽、家畜等对种子造成损伤。

（3）种子消毒

①物理消毒法。物理消毒法包括干热消毒、湿热消毒和紫外射线照射消毒等方法。目前生产上常采用的物理消毒方法是温汤浸种、热水烫种，其消毒机制都是利用较高的温度（病菌致死温度以上）来杀死种子所带的病菌，此方法简单易行，节省成本。

a. 温汤浸种。把种子放入 55~60℃的热水中浸种 10~15min。加入冷水，使水温降至 30℃。浸种时，为了防止水温下降太快，达不到理想的杀菌效果，水量不能太少，一般要为种子量的 5 倍至 6 倍。如水温下降过快，要补充热水。浸种过程中要不断搅拌，以使种子受热均匀，不烫伤种子。

b. 热水烫种。把种子放入水温为 70~75℃的热水中，水量不要超过种子量的 5 倍，以免水温不易降低。烫种时准备 2 个干净容器（不能有油污），将热水来回倾倒。为避免烫伤种子，最初的几次要快速，以使热气散发并提供氧气，如此一直倾倒至水温降至 55℃左右，再改为不断搅拌，尽量保持此水温 7~8 min，然后加入冷水，调至 30℃，搓洗种子，除去种子表面黏液，而后开始浸种。

②化学消毒法。

a. 药剂浸种。常用的药剂浸种方法有 40%福尔马林 150 倍液浸种 30 min，10%磷酸三钠水溶液浸种 20 min，1%高锰酸钾水溶液浸种 20~30 min，50%DT 杀菌剂 500 倍液浸种

20 min，50%多菌灵可湿性粉剂 500 倍液或 70%甲基托布津可湿性粉剂 800 倍液浸种 1 h，壮苗素 100 倍液浸种 20 min。

药剂浸种时，药液要浸过种子 5~10 cm 并不断搅拌，以便种子能够充分均匀浸润。浸种完成后，捞出种子，用清水反复冲洗（药液不清洗干净，会影响种子出芽），最好用流动水或自来水冲洗，同时搓洗种子（除去种子表面黏液），而后进行浸种。

b. 间歇浸种。蔬菜种皮坚硬、较厚，外有蜡质层，透水透气性较差，水分和氧气都很难进入。而蔬菜种子发芽时对氧较为敏感，如果持续浸种，由于过度吸水会导致种皮更加致密，氧气更难进入种子内部，造成种子内部缺氧，进而导致种子发芽时间延长，发芽势显著降低。为提高种子的发芽速度，提高发芽势，最好采用间歇浸种。其方法是：

先将经过消毒的蔬菜种子放入 30℃的温水中浸泡 6~8 h，水量要没过种子，使种子充分吸水后控干，在纱布上摊晾 8~12 h 再浸种 4~6 h 后，再次摊晾 8~12 h，至手摸湿爽不黏为准，然后再进行催芽。

间歇性浸种优势：在浸种过程中经过一次晾种，可以有效避免种子吸水过度，进而可以大大增加种皮透气性，充分满足种子发育对水分和氧气的需求，促进提早发芽，缩短发芽时间。与连续浸种相比，间歇性浸种能明显提高发芽速度和发芽势。

（4）种子活化处理

蔬菜育苗前选用萌发速度快、萌发率高、整齐度好、高活力的洁净的无病种子是培育优质壮苗的基础。质量低劣的种子造成出苗参差不齐、缺苗和大小苗现象严重，致使秧苗质量下降。因此，在播种之前生产者应进行种子活化处理。

①赤霉素活化处理茄子种子。将茄子种子置于 55~60℃的温水中，搅拌至水温 30℃，然后浸泡 2 h，取出种子稍加风干后置于 500~1000 mL/L 赤霉素溶液中浸泡 24 h，把种子风干备用或进行种子丸粒化。此种方法可加快种子的萌发速度，提高种子活力。处理后的种子安全储存期为 6 个月。

种子的萌发分为两个时期，一是萌发的初始时期，这一时期种子中的贮藏物质开始水解，变成可溶性的低分子化合物，为种子萌发做好准备，这一过程是不可逆转的；二是细胞伸长和生长开始时期，胚根穿透种皮，萌发开始。用赤霉素处理种子，有助于种子通过萌发的初始时期，而这一阶段又是不可逆的，所以处理后的种子可以在干燥器中贮存并保持诱发后的活力。

②聚乙二醇活化处理蔬菜种子。用 1 mg/kg 聚乙二醇处理茄子、芹菜、胡萝卜 7~14d，可促进种子萌发。

③硝酸钾溶液活化处理芹菜种子。用 2%~4%浓度的硝酸钾溶液，在 20℃±1℃的温度条件下振荡或通气处理6d，取出种子风干备用或进行种子丸粒化。活化后的种子有效储存

期可达 8 个月之久，安全储存期为半年。

④几种盐溶液活化处理蔬菜种子。用磷酸钾、氯化钠溶液处理三叶芹、葱、菠菜、牛蒡等种子，以及用磷酸钾、硝酸钾、氯化镁、氯化钠、硝酸钠等溶液处理胡萝卜种子均可达到促进萌发的作用。

⑤微量元素浸种。用 500～1000 μL/L 的硼酸、硫酸锰、硫酸锌、钼酸铵溶液对茄果类种子浸种 24 h，可促进根系生长和秧苗发育，培育壮苗。

（5）催芽

①催芽技术。蔬菜种芽萌发具有嫌光性，也就是说蔬菜种子在有光处发芽慢，在暗处发芽快。催芽时，把浸种后晾好的种子用洁净的湿布（不要过湿，以免影响透气，一般以用手握不出水分为准）包好，放于适温、透气的条件下进行催芽。催芽时种子包厚度以平放不超过 3 cm 为宜，以便种子受热均匀。催芽宜采用变温催芽方法，即催芽时每天保持温度在 27～30℃ 16 h，在 16～20℃ 8 h，使种子接受 10℃的温差。由于蔬菜种子对氧气敏感，在催芽过程中，要每天 2 次取出种子进行翻动换气。在催芽 2 天后，要用 30℃左右的温水淘洗 1 次（不用每天淘洗，以免在种子内部形成新的水膜，影响透气），稍晾后继续催芽。一般在变温催芽条件下，种子表皮无水膜和黏液阻碍，氧气供应充足，4 天就可出芽。与常温催芽相比，变温催芽可以大大缩短种子发芽时间。当见有 60%的种子露白尖时停止催芽，准备播种。

②常用催芽方法。

a. 电灯泡催芽。取一个水桶或木箱，在其底部放少许温水，中部架设竹帘，用宽大的纱布袋装好种子，平摊在竹帘上面，然后覆盖浸湿的毛巾，毛巾上覆盖浸湿的厚纸片，纸片和毛巾见干即加水，保持湿润。水桶或木箱上口吊入一只 40 W 灯泡和一支温度计，封闭，用温度计观察温度，通过及时开、闭电灯来控制温度。此法有利于种子透气，热源较高，水分适宜。

b. 电热毯催芽。将浸好的种子用纱布袋装好，放在垫有塑料薄膜的电热毯上，上面盖上棉被即可。此法使用非常方便，技术易掌握。

c. 催芽箱催芽。有条件的可利用专用恒温箱进行催芽，此法温度可任意调节，且调整好后温度恒定，催芽效果好，特别是进行变温催芽，使用此法更加方便。

d. 体温催芽。把浸好的种子包好后，外包塑料薄膜，放在贴身的口袋内。由于体温较稳定，所以此催芽方法比较安全，适于种子量较少的农户。

e. 饭锅余热催芽。把浸涨的种子用布包起来，放入洁净的瓦盆中，加盖，放在盛有温水的饭锅内，做饭时可端出置灶台温暖处。此方法简便安全、效果好。

f. 火炕瓦缸催芽。适宜北方有火炕的地方采用。用湿润的棉纱布把浸涨的种子包好，放在搪瓷小缸中，将小缸放于盛有温水的大缸中，盖上棉被，放于炕头，每隔 3~4 h 打开包，翻动 1 次，使种子透气。每天用温水冲洗 1 次种子，至出芽。

③催芽技术要点。不论采用哪种方法催芽，3~4 h 都要翻动种子 1 次，以使所有的种子都能得到大致相同的温度、湿度、空气，保证发芽整齐。若种子干要补水，见有霉菌发生或嗅到有酸味或其他异味，要用 30℃左右的温水洗涤种子后再催芽。见有 60%的种子露尖时，停止催芽进行播种。

催芽温度不可过低或过高，既要防止温度过高烫伤种芽，又要防止温度过低停止发芽，既要保证大部分种子都发芽，又要保证种子不能发芽太长。

若发芽不齐，可用镊子镊出发芽的种子放在-2~3℃的条件下钝化。或将全部种子放入-1℃环境中钝化 2~3 h，以使种子发芽出苗一致。实践认为，经过低温钝化后的种子，能显著增强蔬菜苗期的抗寒能力。原因是萌发种子经低温处理后，提高了种胚内部的原生质液的浓度。

三、播种

（一）播种期的确定

适宜的播种期对于蔬菜生产来说非常重要。如播种过早，苗育成后由于外界温度低或茬口腾不出无法定植，导致苗龄长，根系易木栓化，致使定植后僵苗不发；如播种过晚，不能最大限度地发挥其增加和延长生育期的潜能，从而失去育苗意义。

蔬菜播种期的确定是根据不同栽培茬次的适宜定植期及苗龄的长短向前进行推算得出的，即播种期是定植期减去苗龄。由于受外界气候条件等因素的影响，不同栽培茬次的定植期是基本确定的，所以播种期主要受苗龄长短的影响。而苗龄的长短主要由育苗设施、育苗季节、育苗技术和品种特性等决定。一般情况下春季蔬菜的苗龄，茄果类在 80~120d；瓜类在 30~50d。夏秋季节进行蔬菜育苗，由于外界温度高、光照强，幼苗生长速度快，苗龄较短，一般在 15d（瓜类）至 30d（茄果类）。再者，用穴盘进行育苗时，由于营养面积相对较小，苗龄过大，移栽时会引起伤根过重、缓苗慢，影响早期产量，应缩短苗龄。

（二）播种方法

常用的播种方法有两种，一为撒播法，一为点播法。

1. 撒播法

蔬菜种子较小，一般在生产中常采用撒播法进行播种。播种之前，先在浇过水的苗床上撒一层干的拌过药的营养土，然后把经过催芽的种子均匀地撒播在苗床上，为使种子撒播均匀，最好是把种子与适量经过杀菌消毒的细沙混合进行撒播。

播种后，及时均匀地覆盖 0.5～1 cm 厚的营养土，并覆盖上地膜。撒播法简单方便，但需要的种子量较大，同时要及时进行分苗，以促进幼苗健康生长。

2. 点播法

采用育苗钵、营养土方或穴盘进行育苗的要进行点播播种。播种前，先在苗床表面撒一层拌过药的营养土，然后把催过芽的蔬菜种子按每钵（穴）1～2 粒摆入钵（穴）中，种子间要分开。

播种后要及时均匀地覆盖 0.5～1 cm 厚的营养土，并盖上地膜。此法较费人工，但需种子量小，移植时护根效果好，同时方便机械化操作。

3. 播种窍门

（1）播种时间

低温季节的播种时间掌握在晴天的 10 时前结束，阴天一般不播种。夏秋季节的播种时间掌握在 17 时以后或阴天。播种后随即覆盖过筛细土，夏秋季节盖土 1 cm 厚，冬春季节盖土 0.5 cm 厚。在冬季育苗，盖土后，床面要盖上一层地膜，不但能保温、保湿，而且能防止老鼠吃籽。

高温季节育苗时，播种后地面要覆盖草苫保湿降温，并要进行遮阴降温。

（2）保护种子

播种前一定要在苗床表面撒一层拌过药的营养土，一般用 1∶50 的 50%多菌灵药土，用药量为 5 g/m^2。这样做不仅可有效减少病害的发生，还可防止泥浆粘住种子，影响种子呼吸和出苗，同时又有利于种子翻身和胚根下扎。

（3）播种一定要均匀

种子量不可过大或过小，一般以 10～15 g/m^2 为准。如果播种量过小，需苗床面积过大，不仅浪费苗床，还增加管理成本；如果播种量过大，不仅浪费种子，而且出苗过多，要及时间苗，增加管理成本，如不及时进行间苗，苗子过密，会因苗子拥挤而引起苗床郁闭，导致幼苗营养不良，或引发苗期病害。

（4）防回芽

播种时，催出芽的蔬菜种不可在外晾得过久，以免芽子失水过多，造成回芽。一般情况下，未播种的种子要用湿布包好，播种后，要及时盖土。

（5）科学盖土

盖土时一定要把苗床上所有缝隙填平，特别是对于使用营养钵等进行点播的营养钵

（盘）或土块之间的缝隙一定要填满，以免因苗床水分过度丧失，对幼苗的生长造成影响。盖土时厚度要适度，不可过薄或过厚：如果盖土过薄，出苗时种皮不易脱落，会造成种子戴帽出土，子叶不能展开，对幼苗的生长造成影响；如果盖土过厚，苗子出土困难，轻的延长出苗时间，或造成弱苗出土，严重的可能会使种子闷死。

第二节　嫁接育苗技术

一、嫁接育苗的概念

嫁接栽培就是采用手术的方法，切去一棵植株的根，留下顶端（头部），或单独切掉植株的一个幼芽，人们习惯称顶端（头部）或幼芽被利用的这棵植株叫接穗；将另一棵植株，切去其顶端（头部），留下根系及茎（下胚轴）的一部分，根系及茎（下胚轴）的一部分被利用的这棵植株叫砧木。使砧木和接穗强制结合在一起，形成一棵完整的植株进行栽培。这样，既利用了砧木抗病性强、根系庞大、吸收范围广、吸收水肥能力强、耐瘠薄、耐盐碱、耐低温或高温、耐高湿或干旱的优点，又利用了接穗产量高、品质好、商品性好的优点，达到高产、高效、优质的目的。

二、嫁接育苗技术

（一）砧木与接穗品种的特性与选择原则

瓜果菜嫁接能不能成功，首先取决于嫁接后能不能成活，也就是二者嫁接后能不能亲和，又称嫁接亲和力；还要考虑成活后能不能健壮地生长，即二者共生期间发生不发生矛盾，又称共生亲和力，它包括茎叶能否健壮生长，能否正常开花结果，是否提早或延迟生育期，是否影响果实品质，等等。在选择嫁接亲本时，不但要了解它们的特性，栽培季节的冷暖，而且还要考虑品种资源是否易得，价格高低，等等。因此，在嫁接时选择砧木与接穗要特别注意它们的特性，做到有的放矢，以确保嫁接成功。

1. 砧木品种的特性

（1）砧木与接穗的亲和力

亲和力包括嫁接亲和力和共生亲和力。嫁接亲和力的高低决定嫁接后成活的多少和伤口愈合速度的快慢。伤口愈合越快，成活越多，说明亲和力越高（嫁接技术不成熟除外）。共生亲和力是指嫁接成活后的生长发育状况，嫁接后植株茂盛，生长健壮，发育正常，早熟高产，说明共生亲和力好；嫁接成活后砧木和接穗共生期间，生长速度减缓，或长势不正常，生长后期出现萎蔫，结果后果实品质降低，等等，共生期间发生不良反应，又称共生亲和力不良。只有嫁接愈合期间和共生期间生长势都正常，嫁接愈合快，生长期间不发生不良反应的砧木才能算是好砧木。科学研究证明：不同砧木和接穗品种之间的亲和力高低与抗逆性强弱不同。

（2）对不良环境条件的适宜性

瓜果菜的种植季节不同，所选砧木品种要求不同的外部环境适应性，如低温、高温、耐旱、耐盐、耐湿、耐瘠薄，早期生育速度快慢，生长势强弱等。例如赤茄（砧木），除具有抗病性外，耐低温的能力也较强，在早春温度较低的情况下，生长发育速度快，因此，只需比接穗提早5~7d播种即可。而不死鸟、CRP（刺茄）等茄子砧木虽抗病性较赤茄强，但其早期生育速度较慢，只有长到3~4片叶之后，生育速度才接近正常，因此，该砧木要比接穗提早20~30d播种，方能适合嫁接。

另外，通过了解砧木的生育特性，可以更好地与接穗品种配套，与栽培季节和栽培方式配套。例如，黑子南瓜根系在低温条件下伸长性好，具有较强的耐寒性；而白菊座南瓜耐高温、高湿，适合高温多雨季节作砧木。据报道，日本保护地黄瓜越冬栽培，采用黑子南瓜作砧木的占70%，早春保护地栽培黑子南瓜占60%，夏秋栽培的基本上都用白菊座南瓜砧木。据统计，我国保护地越冬栽培的黄瓜95%以上，近2年有5%左右的土地面积用土佐系南瓜作砧木，且有逐年上升趋势。一个品种的适宜性，只能因时因地而言，黑子南瓜作为砧木在冬季低温情况下，有耐低温的特性，在低温下发挥了它的优势，比不耐低温的品种生长得好。现在我国有不少地方把黑子南瓜作为夏秋高温多雨季节的砧木，生长势比其他南瓜品种差，其耐低温这一优势就变成劣势。同样，白菊座南瓜在夏秋季节发挥了耐高温的优势，而将其在冬季栽培，那么耐高温优势也变成了劣势。所以，了解和掌握各种砧木的生育特性，便于与适合的栽培季节和栽培模式配套，更能发挥其特长。

在接穗选择方面：若在日光温室和早春大棚中种植西瓜，首先要考虑其植株在低温环境中的适应能力（又叫低温生长性），雌花出现早晚、节位高低和在低温条件下坐果的能力（又称低温坐果性），果实膨大速度快慢，以及根群的扩展和吸肥能力，对土壤养分浓度、土壤三相比例等不良环境的适应能力等，这些都取决于砧木本身的特性。所以，在日光温室冬春茬栽培，多层覆盖大棚春季提前嫁接栽培时，应选择耐低温、耐高湿、耐土壤盐分浓度高、耐土壤通透性稍差的环境条件的砧木材料。在夏季和延秋栽培时要选择耐高温、干旱和暴雨环境条件的砧木材料。

（3）砧木的抗病性能

瓜果菜常见的土传病害较多。在瓜类蔬菜中主要是枯萎病，包括黄瓜枯萎病、西瓜枯萎病、甜瓜枯萎病，分别为不同的专化型，还有瓜类蔓枯病、根线虫病等。茄果类蔬菜常见的土传病害有番茄青枯病、番茄枯萎病、番茄黄萎病、番茄褐色根腐病、番茄根腐枯萎病、番茄根线虫病，以及茄子黄萎病、茄子枯萎病、茄子青枯病、茄子根线虫病，还有辣椒疫病、辣椒根腐病，等等。

不同砧木所抗的土传病害种类是不同的。如番茄砧木品种中，“LS-89”和“兴津 101 号”主要抗青枯病和枯萎病，而“耐病新交 1 号”和“斯库拉姆”主要抗枯萎病、根腐枯萎病、黄萎病、褐色根腐病、根线虫病。如茄子砧木中，赤茄仅抗枯萎病、黄萎病，而“托鲁巴姆”则同时抗四种土传病害（黄萎病、枯萎病、青枯病、根线虫病）。

不同砧木之间对同一种病害的抗病程度也不同。如瓜类砧木（南瓜、冬瓜、瓠瓜、丝瓜）中，以南瓜抗枯萎病的能力最强，在南瓜中又以黑子南瓜表现最为突出。又如赤茄和“托鲁巴姆”都能抗黄萎病，但“托鲁巴姆”抗黄萎病的能力达到免疫程度，而赤茄仅是中等抗病程度。所以，栽培者在选择砧木时，首先要考虑解决什么病害，其次要根据地块的发病程度来选择适宜的砧木。如果是重茬的重病地，应该选高抗的砧木；若是发病较轻的非重茬地，可以选择一般的砧木以发挥其他方面的优势，如耐低温、耐高温、耐瘠薄、耐旱等。以西瓜为例，抗枯萎病是西瓜嫁接的主要目的，若是连作种瓜，选择砧木时必须要求百分之百抗枯萎病。以前的研究认为：西瓜枯萎病只侵染西瓜，不侵染葫芦、冬瓜。近几年的研究及生产实践证明，西瓜枯萎病菌已分化出能侵染葫芦和冬瓜的菌株（生理小种），表现出葫芦和冬瓜不能抗枯萎病。另外，瓠瓜砧易感染炭疽病；南瓜砧抗枯萎病。

（4）对产量和商品质量的影响

不同的砧木种类对产量和品质有着不同的影响。增加产量是嫁接栽培的最终目的，因此要求每一种砧木必须具备增产的能力，而这种增产能力又主要是通过砧木的抗病性和抗逆性实现的。也就是说，采用高抗的砧木与栽培品种嫁接，通过砧木来阻止病原菌的侵入，诱导植株产生抗性，增强生长势，以减少或控制发病株的出现，最后达到群体产量和单株产量的共同提高。但是并不等于具备了优良砧木就能高产，好的砧木只能是获得高产的一个基础，还必须掌握准确的嫁接技术和配套栽培管理技术（如施肥、灌水、耕作、植株调整等），才能发挥砧木的增产优势。所以，产量指标是各项农业技术措施的综合体现。当然，作为农业科技工作者，在研究与开发砧木品种时，也必须推出与之相适宜的配套栽培技术。品质也是选择砧木的一个重要标准。不同的西瓜、甜瓜品种对同一种砧木的嫁接反应也不完全一样。西瓜、甜瓜嫁接栽培应尽量选择对商品品质（如果形、果皮厚度、果肉的质地、可溶性固形物含量高低）基本无影响或影响很小的品种或种群。即选择较适宜的砧穗组合，以保障嫁接后西瓜、甜瓜产量不能降低，品质不能下降，要根据嫁接的主要目的来确定适宜的砧木种类。因此，南瓜砧木虽有时可影响果实品质，表现为果皮增厚，果肉较硬，果肉中产生黄带，食用口感及风味不好，但维生素 C 含量显著高于自根西瓜，总糖、干物质含量等均无差异。但对枯萎病发生严重的地块或重茬瓜田，极早熟、早熟栽培的瓜田，必须采用黑子南瓜、豫园 JA-6、新土佐等南瓜类砧木。从综合性状考虑，应选用葫芦砧木，但用葫芦进行早熟西瓜嫁接时还存在须解决的问题。大量的试验资料表明，南瓜砧木不是所有西瓜品种的适宜砧木，因此在大面积推广前应做预备试验，没有做过试验的砧木，不能直接用于生产，以免带来不应有的损失。

2. 接穗品种的选择原则

（1）根据产品销售地点的消费习惯选择接穗品种

瓜果菜的品种选择应首先考虑消费地的消费习惯。如西瓜个头的大小，瓜瓤质地的软硬（脆、沙），可溶性固形物含量；瓤的颜色红、黄、白；果皮的厚薄，瓜皮的色泽如黑、黄、花、绿；瓜皮花的小花条、宽花条；果实形状的长、圆（国外已培育出四方西瓜）；等等。再如茄果类蔬菜中茄子果皮颜色，形状，大小，粗细，果实内种子含量多少等；辣椒品种的辣味浓淡，颜色青、紫、黄、红、白，形状长、方、粗、细等都是品种选择时要考虑的内容。

（2）根据种植方式和上市季节选择接穗品种

一般早熟栽培品种要求在低温、弱光、高湿的保护地环境条件下生长正常和果实发育迅速，叶片较小，雌花节位低，易坐果，熟性早，对采收的成熟度要求不严格，即食用品质对采收成熟度要求不严格。晚熟露地栽培要根据当地的上市季节是处于干旱条件还是多雨高湿条件，若用于前者，要选择耐旱品种；属于后者，要选择耐湿品种。

（3）根据产销地点的距离选择接穗品种

如瓜类产品就地销售，要选择可食部分多的薄果皮品种，若以外运为主就要选择耐储运的果皮韧性较强或果皮较厚的品种；还要考虑土壤酸、碱、黏、沙及栽培技术等。

（二）嫁接技术

1. 嫁接用具及场地要求

（1）切削工具

在蔬菜嫁接时，由于目前市场上还没有专用的蔬菜嫁接切削工具，一般使用人用双面刮须刀片作切削工具来削切砧木和接穗。为了便于操作，可将刀片沿中线纵向折成两半，并截去两端无刀锋的部分。

（2）接口固定物

嫁接后砧木与接穗要在接口处进行固定，以方便切口愈合。固定接口最方便的是用塑料嫁接夹，这是良种嫁接专用的夹子，小巧轻便，价格低廉，现已有专业厂家大批量生产，一次投资可多次使用。

（3）用具的消毒及去污

在使用旧塑料嫁接夹之前，应先用200倍的福尔马林溶液浸泡8h进行消毒处理。在广口瓶中放入75%的酒精、棉花，用于工作人员的手指、刀片等消毒。砧木和接穗上有泥污时，在切削前要用卫生纸擦除，以防止病菌或污物从切口处带入植株体内，引起病害的发生，导致嫁接失败。

（4）嫁接场所要求

①空气温度、湿度适宜。温暖的环境，不但嫁接工作人员操作灵便，而且对植株切口愈合也有利。空气的相对湿度与接穗的失水萎蔫程度密切相关，因此，要求温度25~28℃、相对湿度95%以上的温暖湿润环境，以防止接穗失水萎蔫，利于嫁接苗愈合后的成活生长。

②无风。绝对无风的环境，与切口愈合速度快慢密切相关。

③嫁接台及其他。为了提高嫁接工效，用长条凳或木板作嫁接台，专人进行嫁接，专人取苗运苗，连续作业，防止出现差错。

2. 嫁接前砧木和接穗苗的培育

在嫁接之前，把砧木苗和接穗苗培育成适宜嫁接的大小，且能够相互协调适应所选定的嫁接方法是嫁接成败的关键。

（1）嫁接适期

蔬菜嫁接的适宜时间主要取决于茎的粗度，当砧木茎粗达0.4~0.5 cm时为适宜嫁接期。若过早嫁接，节间短、茎秆细、不便操作，影响嫁接效果；若过晚嫁接，植株的木质化程度高，影响嫁接成活率。

（2）砧木和接穗苗的协调

由于选择嫁接的方法不同，嫁接所适宜的砧木苗龄和接穗苗龄也会有不同的要求。为了使砧木苗和接穗苗的最适嫁接期协调一致，应从播种期上进行调整，不同的嫁接方法对于播种期的调整方法不同。此外，嫁接时所选用的砧木品种，由于各自品种特性的不同，长成适宜嫁接时的时间也会不同，播种时也要考虑在内。

蔬菜常用的嫁接方法有劈接法、斜切接法、靠接法。其中劈接法和斜切接法，这两种方法对砧木和接穗的大小与粗细的要求基本一致。而靠接法与劈接法和斜切接法相比，只是适宜嫁接时的苗子稍大。这三者在选用相同的砧木品种时，砧木比接穗的早播天数基本相同。

在确定嫁接方法后，播种期的确定就主要取决于砧木品种的选择。不同的砧木品种，其苗期生长的快慢差别很大。如不死鸟的生长速度基本接近正常蔬菜，所以提早播种的时间较短，一般要求不死鸟出苗后，即可播种蔬菜。而托鲁巴姆、刺茄、角茄等幼苗生长速度很慢，要比接穗提早很长一段时间播种，如刺茄和角茄是20~25d，托鲁巴姆是25~30d。

（3）播前种子处理

在确定砧木和接穗的播种期后，要对所选用的砧木和接穗种子进行播前处理。由于蔬菜砧木野生性较强，采种时间早晚、果实成熟及后熟时间的不同，种子的休眠性差别较大。对休眠性强的砧木种子在催芽前可用赤霉素处理，以打破休眠。一般用100~200 mg/L赤霉素溶液浸泡24h，注意赤霉素处理时应放在20~30℃温度条件下，温度低则效果较差。赤霉素的浓度不要过高，否则出芽后易徒长。处理后种子一定要用清水洗净，在变温条件下进行催芽。在正常的催牙条件下，一般需12~14d才能发芽，较正常的蔬菜出芽时间长。

播前种子处理的其他问题，参照本书有关内容进行。

（4）播种后至嫁接前管理

砧木种子较小，初期生长缓慢，在温度管理上，应较接穗（蔬菜）高2~3℃，以促进砧木苗子加速生长。

（5）砧穗苗床管理

嫁接前一天晚上，将苗床浇透水，用50%甲基托布津可湿性粉剂500倍液，最好用高研嫁接防腐灵2号500倍液，对砧木、接穗及周围环境喷雾消毒。

3. 砧木、接穗楔面的切削要求

（1）砧木与接穗楔面形式

蔬菜的嫁接方法很多，但是楔面的形式主要有三种。

①舌形楔。主要用于靠接法（舌靠接）。从幼苗茎部的一定位置，用刀片斜切入茎（与茎成30°~40°），切口深度为茎横切面的2/3或3/5，形成像舌一样的楔。

②单面楔。主要用于斜切接、芽接。斜面长因嫁接方法而异，茄果类作物的斜切接斜面长0.8~1 cm为宜，斜角为30°~40°。

③双面楔。主要用于劈接、斜插接（顶插接）、水平插接等方法。在幼茎上自上而下削成双斜面，茄果类作物的劈接，其斜面长0.6~0.7 cm，斜角为30°。

（2）砧木与接穗的模面要求

①角度。接穗楔面的角度一般为30°较适宜。斜角越大，楔面越短，插入砧木切口时

接触面越小，而且不稳固，易被挤出而影响愈合成活。斜角越小，楔面越长，插入砧木切口时因楔面薄而不易插入，也会影响愈合成活。

②楔面平、先端齐。接穗的楔面先端只有平齐才能与砧木的切口紧密结合。楔面不平或先端不齐，插入切口后会有空隙，也影响愈合成活。

③不同楔面接合效果。双楔面的两个斜面长度不同，会出现不同的接合效果。如斜面长短不等，插入砧木的切口后，有一侧与切口相齐，另一侧必然会过长或过短，也会影响接穗与砧木的愈合成活。

4. 人工嫁接方法

人工嫁接蔬菜的方法很多，如舌接、贴接、插接、芽接、劈接、芯长接、长筒接、直角切断接、两段接、一箭双雕接等。嫁接操作又可分为离土嫁接和不离土嫁接。

离土嫁接是把砧木和接穗幼苗从播种盘或苗床拔起进行嫁接，嫁接后定植于营养钵中。不离土嫁接是将砧木播种或移植在营养钵中，当砧木幼苗适宜嫁接时，取接穗苗直接嫁接在砧木上。

靠接一般多采用离土嫁接，而顶插接、劈接、单叶切接可以采用离土嫁接，也可以采用不离土嫁接。茄果类蔬菜嫁接方法如下：

①劈接法（以茄子为例）。先把砧木从上方切去，把茎从中劈开，然后把接穗上部削成楔形，插入砧木劈开的切口中，固定成嫁接苗的一种嫁接方法。

②斜切接法。又叫斜接或贴接，是指分别把砧木和接穗的上端和下端切去，切口切成相反的斜面，而后把砧木和接穗的两斜面贴合在一起成嫁接苗的嫁接方法。

③靠接法。靠接法是指分别在砧木和接穗的适当位置各斜切一切口，两切口方向向反，大小相近，而后把砧木和接穗幼苗的两切口契合后固定在一起形成嫁接苗的嫁接方法。

④套管接法。把砧木和接穗削切成和斜切接法相同、方向相反的斜面，只是砧木和接穗的斜面贴合后不用嫁接夹固定，而用一个长 1.2~1.5 cm 的 C 形塑料管套住，借助塑料管的张力，使接穗与砧木的切面紧密贴合的一种嫁接方法。

三、确保嫁接成功的技巧

（一）熟练嫁接技术

嫁接实践证明，嫁接苗成活率的高低，取决于砧木、接穗切口或插孔愈合速度的快慢。切口或插孔愈合速度的快慢，除受环境条件（温、光、气、湿）及砧穗本身质量影响外，主要与嫁接工作者对砧木、接穗的切口（或插孔）的处理方法正确与否有关。

对切口（或插孔）的处理，包括砧木切口或插孔的位置是否合适；接穗的楔形切削是否合适，特别是双面楔的切削是否处于水平位置；靠接用的舌形楔的舌形是否顺直，楔面的宽度和长度是否到位；等等。这些都与嫁接工作者的技术熟练程度有关。如果嫁接工作者不能正确处理砧木和接穗的切口或插孔及楔形的位置、深度及长度，或者砧木合接穗在嵌合过程中造成错位，都直接影响嫁接苗的成活率。为此，要求嫁接工作者在进行嫁接前，一定要先进行嫁接熟练性锻炼。常用的措施是：在进行嫁接生产用苗前，可先播种一部分劣质或种价较低的砧木和接穗苗，也可采集鲜嫩的树叶叶柄、甘薯叶柄等，或近似于瓜菜下胚轴或幼茎的植物组织，练习嫁接，待练习操作熟练后，再进行嫁接生产用苗的操作，以做到下刀准、快、稳，保证嫁接成活。

（二）综合运用嫁接手段

砧木和接穗在播种至出苗至生长到适宜嫁接的苗龄的时间里，无时无刻不在受着环境因素（水、肥、气体、温度、光照、土壤通透性）的影响，管理稍有不慎，在生产中就会出现砧木与接穗苗龄不适嫁接的情况，具体表现在插接时砧穗粗细不配，在靠接时幼苗的高低不配，在切接时苗龄不配，等等；而嫁接工作者大多只会一种嫁接方法，一旦出现砧穗嫁接苗龄不适的情况，便表现束手无策，白白地仍掉许多苗子。因此，嫁接工作者一定要多掌握几种嫁接方法，在嫁接过程中，视接穗和砧木的单株幼苗生育状况，采用不同的嫁接方法。例如，砧粗穗细可采用插接法；砧细穗粗可采用贴接法；砧大穗小可采用插接法；穗大砧小可采用靠接法或芯长接法；砧低穗高可采用贴接法或劈接法；砧高穗低可采用直切法；等等。

（三）嫁接失败后及时补接

1. 清理砧木补育接穗

瓜类蔬菜嫁接后的第五天，检查和清点嫁接未成活及不可能成活的瓜苗数量，将不能成为有效嫁接苗的砧木苗全数拣出。为方便补接，应将拣出的砧木苗按 2 片子叶正常、1 片子叶正常、生长点严重伤残（下裂 1 cm 左右或呈较大孔洞，但至少保持 1 片子叶正常生长）分别集中，整齐排放，清除遗留在砧木上的废接穗，分类入畦。敞开小拱棚降温降湿，用 800 倍液 70%甲基硫菌灵可湿性粉剂加 5000 倍液农用链霉素混合液喷洒砧木苗以防病菌侵染，促使砧木组织充实和伤口木栓化，以利提高补接成活率。

自嫁接后第五天，在检查嫁接成活率的同时，浸种催芽补接用的接穗种，其播种量可根据砧木未接活和可能未接活的 1~5 倍确定。用秧盘（规格为 60 cm×40 cm）盛已消毒的沙壤土或河沙作接穗苗床，每平方米播种 50~100 g。从浸种至种子 80%左右露白需 1~15d，播种后保温保湿 2~3d，接穗露土后宜将秧盘置于育苗大棚内近入口处，降温降湿炼苗 1d 后进行嫁接。

2. **补接方法**

接穗露土后，子叶开始展开即可用于补接。根据砧木苗原接口伤害程度，通常采取下列三种补接方法。

（1）劈接

两片子叶都正常生长，且生长点原接口较小、下裂较浅的砧木苗，宜选用劈接法补接。先削接穗，用刀片于子叶节下约 0.5 cm 处开刀，轻轻地自上而下削去下胚轴一层皮，再翻转接穗，在对应的另一侧用同样方法切削。要求削面长度 1~1.5 cm，切面平直，接穗削成长楔形；紧接着用刀片去除砧木再次萌发的心叶，小心不要伤着两片子叶，再用刀片于胚轴的光滑完好的一侧自两片子叶间往下垂直劈开，深达 1.5 cm，宽以不超过砧木胚轴直径的 2/3 为宜，不可将砧木子叶节两侧全切开。砧木切口劈开后，立即将削好的西瓜苗迅速插入砧木切口内（削接穗时应注意使砧木与接穗的子叶在接合后互呈十字形交叉），插入深度 1~1.5 cm（以接穗削面开刀处插至平齐砧木劈开起点为限），轻轻压平至接穗与砧木的表面平齐，最后用嫁接夹夹牢，使接合面接触紧密。

（2）贴接

一片子叶生长保持正常，另一片子叶残缺或子叶基部孔洞较大，但生长点原接口较小、并裂口较浅的砧木苗，可选用贴接法补接。首先，用刀片自砧木方向下呈 75°角斜切，连同生长点与生长不正常的另一片子叶一起切去，切面长 0.7 cm 左右；然后拔起接穗，在其子叶下 0.5 cm 处，在胚轴的宽面向下斜削成与砧木切面长度相当的斜面，把接穗削面贴合在砧木的切面上，使砧、穗一侧表面平齐，用嫁接夹夹牢。

（3）芽接

对于砧木胚轴较长（超过 4.5 cm），且至少保持一片子叶正常生长，原接时致生长点接口较大而成孔洞，或原接裂口下陷较深（约 1 cm）的砧木苗，应采取芽接法补接。先切砧木，在砧木子叶节下约 1.5 cm 处，用刀片自胚轴狭面由上向下斜切，切口长度 0.8~1 cm，深及胚轴 1/4 左右，切面平直；接着切削接穗，自子叶节下约 0.5 cm 处起刀，在胚轴的狭面由上而下削去一层表皮，再翻转接穗切削对应的另一侧，接穗两侧切成削面长短不等（长削面 0.8~1 cm，短削面 0.3~0.5 cm）的楔形，接穗长削面对着砧木胚轴将接穗迅速插入砧木切口，使砧、穗切削面充分贴合紧密，一侧表面平齐，用嫁接夹夹牢。

3. **接后管理**

补接后的嫁接苗，主要从防病、保湿、遮光、通气、除萌、增光、揭膜、取夹、炼苗等方面加强管理，其管理措施与插接苗的常规培育基本相同，但必须注意及时切除补接接穗易发生的气生根。由于补接育苗期间的气温回升较快，加之砧木苗的组织结构较以前充实，韧性增强，因而补接的瓜苗比原接的接活期短、生长量大。补接苗达2~3叶1心生理苗龄时，一般比原嫁接瓜苗仅晚6~8d，比再播种砧木的嫁接苗要提早8~10d，成苗率可提高到90%左右。

第三节 工厂化穴盘育苗技术

一、工厂化育苗对基质的要求与处理

基质育苗，为无土育苗中的一类，是指在配制育苗用营养土时不添加土壤，而是利用水、草炭、蛭石、珍珠岩、沙子、锯末、炉渣、稻壳、花生壳、玉米秸等基质代替园土的育苗方式。目前，在营养钵育苗或穴盘育苗、工厂化育苗中基质使用较多。

工厂化穴盘育苗的主要程序有配制基质、选种、催芽、播种及播后管理等。

（一）基质育苗的特点

①取材方便。基质来源广，能就地取材，材质质量轻，保水、保肥，透气性良好。

②省肥。追肥用配制好的营养液，不流失，用肥量少。

③省种。因为基质的保水透气性好，所以基质育苗的出苗率、成苗率、分苗及定植的成活率都高，可大大节省种子。

④病害少。可避免土传病害，病害少。

⑤苗壮。基质育出的苗，茎粗壮、叶片肥厚、根系发达、干物质多、幼苗品质好，可缩短苗龄、提早成熟、增加产量。

⑥成本低。综上所述，生产成本大大降低。

（二）基质选用原则

基质在育苗中的作用主要有两个方面，一为固定作用，二为幼苗的生长发育提供营养。因此在选用基质时，除了要本着就地取材、经济实用的原则外，还要求基质必须质轻、保水透气性好，含有较多的营养物质（有机物质和矿质元素），以便于尽量简化营养液配方和降低营养液供应量，达到降低育苗成本的效果。

二、育苗基质的种类及配方

（一）育苗基质的种类

常见育苗基质可分为有机基质和无机基质。

1. 有机基质

（1）炭化稻壳

稻壳经炭化而成，质地轻，保水性好。一般 pH 值较高，未经水洗的炭化稻壳 pH 值可达 9 以上，所以要经过水洗或用酸调节后使用。易溶离出钾离子。

（2）草炭

又称泥炭。我国草炭资源丰富，主要分布在吉林、黑龙江和内蒙古等省、区。不同来源的草炭，其物理性状有很大差别。草炭 pH 值偏低，为 4 左右，阳离子交换量很大，含有大量置换性镁，含氮为 1%~2%。常与蛭石、珍珠岩等其他基质混合使用。

（3）锯末

锯末吸水性强。可将锯末放入袋子等容器中供栽培使用。有的树木屑（如红木、松树等）对作物生长有害，应经水洗或发酵后再使用。锯末可以连续使用 2~6 茬，但每茬使用后应进行消毒。

（4）种过蘑菇的棉籽壳

棉籽壳是食用菌生产的重要培养料，一般种过蘑菇后就不再用了，但它可以作为育苗基质使用。种过蘑菇的棉籽壳掺有少量石灰，使用前必须先将石灰块拣出，破碎过筛，然后喷少量水起堆，覆盖薄膜堆腐（夏季高温季节 1 个月），以便腐熟和杀灭病菌。棉籽壳 pH 值较高（7.67），容重较小，持水量较大，通气孔隙度较高，富含有机质和速效养分，是一种较好的育苗基质。

（5）糠醛渣

糠醛渣是生产糠醛的废料。糠醛渣 pH 值较低（2.28），容重较小，持水量较高，通气孔和毛管孔度都较高，阳离子代换量较大，富含有机质和速效养分，尤其是速效钾含量高达 1.35%，是良好的供钾基质。糠醛不能单独使用，必须与其他基质配合使用，且用量要严格掌握。

2. 无机基质

（1）沙子

一般采用直径 3 mm 以下的沙子作育苗基质。沙子本身不能吸水透气，主要是靠沙子不同颗粒间形成的孔隙蓄水和空气。沙子的成分以不含石灰质为宜，最好是石英沙或花岗岩石碎屑。海沙含有盐分，使用前要用清水冲洗。

（2）石砾

用 5~15 mm 的天然小石块或碎石作基质。一般采用间歇给水法供应营养液。

（3）塑料泡沫

由聚乙烯、多酚类、尿甲醛等加工成海绵状或粒状。栽培时装入一定的容器中，以滴灌法供应营养液。

（4）岩棉

岩棉是经完全消毒的不含有机物的基质，吸水力强。岩棉的矿物是以 60% 辉绿岩、20%石灰石和 20%焦炭混合，在 1600℃的炉里熔化，然后喷成直径 0. 005 mm 的纤维，加上黏合剂压成的板块。新岩棉由于含有氧化钙，在栽培的初期为微碱性反应（pH 值为 7~8），如果加入极少量的酸或用过一段时间后 pH 值会下降。岩棉可制成板块和颗粒。

（5）珍珠岩

由火山硅酸岩在 1200℃下燃烧膨胀而成的一种疏松多孔的硅质矿物，其性质稳定，不会吸附或溶出肥料成分，盐基置换量也低。重量轻，呈粉状，反复使用后会变细碎。过碎易板结，不利于透气。常与其他基质混用或袋装栽培。

（6）蛭石

蛭石是由云母片燃烧 850℃膨胀而成。容重轻，中性，含有较多的置换性钙、镁、铁和钾，pH 值较高，常与其他基质混用在一定容器中供栽培用。以粒径 3 mm 为好，但经反复使用会变得更细碎。

（7）炉渣

以大锅炉燃烧成蜂窝状结构的为好。常含少量的速效钾，呈微碱性反应（pH 值为 7. 7）。如果含石灰质较多，呈强碱性反应的，不宜使用。具有较强的保肥和缓冲能力。使用时要适当打碎、过筛，并经清水冲洗干净。

（二）育苗基质的配制

穴盘育苗基质多数是用草炭和蛭石或珍珠岩混合，但草炭非随处可得，因此必须选用替代物。无论使用哪些基质材料，都要测试它的理化特性。

1. 选配原则

基质是培育壮苗的关键因素，不但要求其功能应与土壤相似，以满足幼苗快速生长发育所需的最佳环境条件，同时要根据基质的理化特性，与营养液配方相结合，以充分发挥基质的潜能。理论上讲，混合基质的材料种类越多越好。生产上的混合基质以 2~3 种材料为宜。

（1）基质材料的选择原则

具有良好的理化性质，来源广泛，价格便宜。

（2）基质选配的原则

容重小，孔隙度大，水气比例平衡。

（3）基质配制的要求

①基本不含病菌和虫卵，不含或少含有害物质，以防其随秧苗定植污染环境与食物链。②基质功能应与土壤相似，具有超越土壤的理化性质和有利于根系缠绕等特性。③基质应以有机和无机材料科学配制，更好地调节基质的通气、水分和营养状况。④选择当地资源丰富、价格低廉的轻质材料，最大限度地降低基质成本。

2. **基质配制**

（1）基质质量的特征特性

①包含两种或多种基质材料的基质，能够很好地平衡基质持水力和孔隙度；②基质的 pH 值应在 5.8~6.8，并保证播种后的 2 周内不变；③初始基质的 EC 值应<0.75 ms/cm（1：2稀释法）；④基质颗粒的大小、pH 值和 EC 值等数值能够符合穴盘苗的生长需求。

（2）其他物质

如白云石灰石、过磷酸盐、微量元素、氮磷钾素等可以添加到基质中，以改善基质性能。添加石灰石或石膏可以提高基质的 pH 值；如果 pH 值已经达标，可以添加硫酸钙补充可能缺少的钙和硫元素。可以通过加入普通过磷酸钙或是重过磷酸钙提供磷元素，普通过磷酸盐还能提供硫酸钙和磷元素；微量元素应按实际需求量的一半加入。如果需要加入氮元素和钾元素，可以加入少量的硝酸钙或硝酸钾。

3. **常用配方**

（1）草炭系基质的选配

以草炭、蛭石、炉渣灰和珍珠岩等轻质为基本原料，按不同组配与比例组配成 13 种复合基质，见表 3-1。

表 3-1　13 种草炭系复合基质的组配（体积比%）

复合基质配方编号	草炭	蛭石	炉渣灰	珍珠岩
1	20	20	50	10
2	30	20	50	—
3	30	30	40	—

续表

复合基质配方编号	草炭	蛭石	炉渣灰	珍珠岩
4	40	20	20	20
5	40	30	10	20
6	50	20	20	10
7	50	20	30	—
8	50	50	—	—
9	50	30	20	—
10	50	—	50	—
11	60	10	20	10
12	60	—	20	20
13	70	—	30	—

（2）非草炭系基质的选配

目前，蔬菜穴盘育苗不论在国内，还是在国外，都普遍采用草炭等轻基质作育苗基质，这不仅增加了生产成本，而且对没有草炭资源的地区来说还增加了运输不便及供货不及时、延误生产等诸多困难。因此，如何利用当地资源，就地取材，降低穴盘育苗成本，已成为推广穴盘育苗技术急须解决的关键问题之一。

以种过蘑菇的棉籽壳、糠醛渣、蛭石、猪粪和炉渣灰等轻基质为基本原料，按不同的组配与比例组合成 18 种复合基质，以草炭 70%+蛭石 30%为对照，详见表 3-2。

表 3-2　18 种复合基质的组配（体积比%）

复合基质配方编号	棉籽壳	糠醛渣	蛭石	猪粪	炉渣灰
1	40	20	20	—	20
2	40	20	20	20	—
3	50	—	50	—	—
4	50	20	20	10	—
5	50	20	10	20	—
6	50	—	30	20	—
7	50	—	—	50	—
8	60	20	10	10	—
9	60	20	—	20	—
10	60	—	20	20	—
11	60	20	—	—	20
12	60	—	20	—	20

续表

复合基质配方编号	棉籽壳	糠醛渣	蛭石	猪粪	炉渣灰
13	60	10	30	—	—
14	70	30	—	—	—
15	70	—	30	—	—
16	70	10	10	10	—
17	70	20	10	—	—
18	80	—	20	—	—

（3）其他

我国穴盘基质的主要成分是草炭、蛭石、珍珠岩，其比例大多为 50%草炭、25%蛭石、25%珍珠岩。有些育苗单位采用草炭加蛭石作为育苗基质，其比例是 2 份草炭加 1 份蛭石，或者是 3 份草炭加 1 份蛭石。草炭和蛭石本身不但含有一定量的各种元素，还含有一定量的微量元素，但是对于大多数蔬菜苗期生长的需求量来说，仍然不能满足。因此，我们在配置穴盘育苗基质时应考虑加入一定量的大量元素。由于穴盘育苗每株苗的营养面积小，基质量少，如果营养过少会影响幼苗生长，但是施入过多的肥料，就会使基质中的养分浓度加大，容易产生盐分障害。如果用浇营养液的方式进行叶面追肥，由于幼苗缺肥须经常浇营养液，在冬春季育苗室就会造成温室内湿度加大，病害易发生；夏季如遇雨季或连阴天会造成烂苗。所以在施肥方法上我们仍旧采用了常规育苗的加肥方法，即在基质中加肥，只是加肥量有所不同。

三、基质要配合营养液使用

（一）营养液配制要点

1. 养分

营养液中必须完全具备蔬菜幼苗生长发育所需的各种大量元素和微量元素，且都能溶解于水。选用的氮肥应以硝态氮为主，铵态氮用量不超过总量的 25%。氯离子不易被作物吸收和利用，易造成积累产生拮抗作用影响其他元素的吸收，所以一般在营养液中不选用含氯的化肥。

2. 浓度

营养液的浓度要适宜，理化性质要有利于作物根系的吸收和利用，不能含有有害物质。

3. 择水

要注意配制营养液所用的水质。如果水中含钠离子和氯离子过多时不能使用，最好是选用雨水或含矿质元素较少的软水。

4. 二次稀释

为便于肥料溶解，应把肥料先配成原液，然后再把原液加入水中稀释成所需要的浓度。不要把肥料直接加入水中，以免搅拌不匀或搅拌费时费力。

5. 现配现用

钙离子、硫酸根离子和磷酸根离子易结合形成难溶的沉淀物，所以在配制高浓度的原液时，不要存放，最好现配现用。

6. pH 值

配制营养液时要注意其 pH 值，适宜蔬菜幼苗生长的 pH 值呈弱酸性（pH 值为 6～6.5）。如果不合适要用磷酸、硝酸或氢氧化钾、氢氧化钠进行调节。

7. 过滤与消毒

营养液配好后要进行过滤和消毒。消毒方法常采用高温处理或紫外线处理。

8. 成本

营养液的配制要尽量做到原料易购、价格低廉、配制简便、养分齐全、使用安全。

9. 作物需求

营养液要按照作物对营养元素的吸收和需要进行配制。对于无机基质要使用全营养，而对于有机基质和混合基质要根据基质的养分情况确定营养液的配比。

10. 使用温度

浇灌时最好把营养液的温度控制在 20～25℃，以免对地温造成影响。

（二）营养液的配方

在配制营养液时，由于育苗的蔬菜种类、肥料条件等因素不同，因此选择的营养液配方也有所不同。现列举部分国内外常用的营养液配方，供使用者选择。在所列的 14 个配方中，配方 4 至配方 14 为大量元素配方，微量元素按配方 15 添加。

配方 1：均衡营养液配方。硝酸钙 950 mg/L，硝酸钾 810 mg/L，硫酸镁 500 mg/L，磷酸二氢铵 155 mg/L，EDTA 铁钠盐 15～25 mg/L，硼酸 3 mg/L，硫酸锰 2 mg/L，硫酸锌 0.22 mg/L，硫酸铜 0.05 mg/L，铜酸钠或钼酸铵 0.02 mg/L。

配方 2：番茄营养液配方。硝酸钙 1 216 mg/L，硝酸铵 42.1 mg/L，磷酸二氢钾 208

mg/L，硫酸钾 393 mg/L，硝酸钾 395 mg/L，硫酸镁 466 mg/L。

配方 3：番茄营养液配方。尿素 427 mg/L，磷酸二铵 600 mg/L，磷酸二氢钾 437 mg/L，硫酸钾 670 mg/L，硫酸镁 500 mg/L，EDTA 铁钠盐 6. 44 mg/L，硫酸锰 1. 72 mg/L，硫酸锌 1. 46 mg/L，硼酸 2. 38 mg/L，硫酸铜 0. 20 mg/L，钼酸钠 0. 13 mg/L。

配方 4：番茄营养液配方。硝酸钙 590 mg/L，硝酸钾 606 mg/L，硫酸镁 492 mg/L，过磷酸钙 680 mg/L。

配方 5：黄瓜营养液配方。硝酸钙 900 mg/L，硝酸钾 810 mg/L，过磷酸钙 850 mg/L，硫酸镁 500 mg/L。

配方 6：西瓜营养液配方。硝酸钙 1000 mg/L，硝酸钾 300 mg/L，过磷酸钙 250 mg/L，硫酸钾 120 mg/L，硫酸镁 250 mg/L。

配方 7：甜瓜营养液配方。硝酸钙 826 mg/L，硝酸钾 607 mg/L，磷酸二氢铵 153 mg/L，硫酸镁 370 mg/L。

配方 8：绿叶菜营养液配方。硝酸钙 1260 mg/L，硝酸钾 250 mg/L，磷酸二氢铵 350 mg/L，硫酸铵 237 mg/L，硫酸镁 537 mg/L。

配方 9：莴苣营养液配方。硝酸钙 658 mg/L，硝酸钾 550 mg/L，硫酸钙 78 mg/L，硫酸铵 237 mg/L，硫酸镁 537 mg/L，磷酸二氢钙 589 mg/L。

配方 10：芹菜（西芹）营养液配方。硫酸镁 752 mg/L，磷酸二氢钙 294 mg/L，硫酸钾 500 mg/L，硝酸钠 644mg/L，硫酸钙 337 mg/L，磷酸二氢钾 175 mg/L，氯化钠 156 mg/L。

配方 11：芹菜营养液配方。硝酸钙 295 mg/L，硝酸钾 404 mg/L，重过磷酸钙 725 mg/L,硫酸钙 123 mg/L，硫酸镁 492 mg/L。

配方 12：茄子营养液配方。硝酸钙 354 mg/L，硝酸钾 708 mg/L，磷酸二氢铵 115 mg/L,硫酸镁 246 mg/L。

配方 13：甜椒营养液配方。硝酸钙 354 mg/L，硝酸钾 607 mg/L，磷酸二氢铵 96 mg/L，硫酸镁 185 mg/L。

配方 14：通用营养液配方。硝酸钙 945 mg/L，硝酸钾 607 mg/L，磷酸二氢铵 115 mg/L,硫酸镁 493 mg/L。

配方 15：微量元素用量（各配方通用）。EDTA 铁钠盐 20 ~ 40 mg/L 或硫酸亚铁 15 mg/L,硼酸 2. 86 mg/L 或硼砂 4. 5 mg/L，硫酸锰 2. 13 mg/L，硫酸铜 0. 05 mg/L，硫酸锌 0. 22 mg/L，钼酸铵 0. 02 mg/L。

四、工厂化育苗对种子的要求与处理

穴盘育苗所用种子在收获后不但要清除灰尘、花粉和种子外皮，还要进行多种形式的筛选，种子要筛过几遍才能把杂物去掉。多数种子可能还要根据物理特征，如大小、形状、颜色、质量和密度进一步分离，以提高种子活力和均匀度，进而培养出长势均匀的幼苗。有条件者，尽量使用丸粒化的种子。

（一）蔬菜种子的丸粒化

蔬菜种子的丸粒化是一项综合性的新技术，是利用有利于种子萌发的药品、肥料及对种子无副作用的辅助填料，经过充分搅拌之后，均匀地包裹在种子表面，使种子成为圆球形，以利于机械的精量播种。制成的种子丸粒，不但要具有一定的强度，在运输、播种过程中不会轻易破碎，而且播种后有利于种子吸水、萌发，增强对不良环境的抵抗能力。

（二）丸粒的原料组成

1. 填料

蔬菜种子丸粒化中常用的填料是硅藻、蛭石粉、滑石粉、膨胀土、炉渣灰等。填料的粒径一般为35~70筛目，粒径大的粗粒用在丸粒的内层，粒径小的细粒用在丸粒的外层，使丸粒表面更光滑。

2. 营养元素

填料中常常加入一定数量的磷矿粉、碳酸钙、钙镁磷肥及铁、铜、锌、硼、钼等微量元素。这些营养均匀地分布在种子周围，有利于调节和促进蔬菜幼苗的生长发育。

3. 生长调节剂

在填料中加入生长调节物质，可以促进种子萌发和成苗。如较高的土壤温度会诱导生菜、芹菜种子进入热休眠，而在填料中适当加入细胞分裂素及乙烯利，则具有解除热休眠，提高出苗率的作用。

4. 化学药剂

在填料中加入如杀菌剂、杀虫剂、除草剂等农药，当丸粒化的种子播到土壤之后使其遇水溶解，农药便遗落在根际周围土壤中，可以有效地控制种子所带的病菌及土传病害、杂草或虫害的滋生。这种用药方法对人畜安全，经济有效。

5. 吸水性材料

填料中加入吸水剂，可使土壤中水分快速吸附到种子周围，使种子获得足够的水分而顺利萌发，能显著提高出苗率。目前生产中选用的吸水剂有活性炭及淀粉链连接的多聚物。

6. 黏结剂

在种子丸粒化加工过程中，必须加入黏结剂使填料黏结成小球状。目前常用的黏结剂有阿拉伯胶、树胶、乳胶、羧甲基纤维素、甲基纤维、醋酸乙烯共聚物及糖类等，有人工合成的，也有农副产品加工提炼的。无论哪种黏合剂，都必须具备良好的水溶性，对种子萌发无副作用，既能保证丸粒外壳强度，又能使其遇水后迅速破裂或分解。

（三）种子丸粒的制作方法

制备丸粒化种子，小批量生产采用手工喷黏结剂在箩筐内滚搓成粒的方式（似制作汤圆），大批量生产要利用种子丸粒化机械来完成。目前常用的有两种丸粒加工方法：

1. 转动成粒法

这种方法是将筛选过的种子直接放进一个倾斜的圆锅中，锅转动时，种子在锅内滚动，操作人员交替向种子上喷撒填料物和黏结剂，使种子表面均匀地粘住填料。随着圆锅的不断滚动，丸粒不断加大，并形成光滑的表面，这种方法设备简单，但效率偏低。

2. 漂流成粒法

它是通过气流作用，使种子在成粒筒中散开，处于飘浮状态，填料和黏结剂也随着气流喷入成粒筒内，粉粒便吸附在飘浮的种子颗粒表面。种子在气流的使用下不停地运动，并相互挤撞、摩擦，种子表面被黏附的填料粉剂压实并呈圆球状。这种方法效率较高，但设备结构较复杂，应用难度较大。

第四章　主要蔬菜育种

第一节　番茄育种

一、番茄丰产性育种

丰产稳产是番茄育种的重要目标，但只根据产量本身进行选择往往难以奏效，必须将选择重点放在对产量有重要影响的单个性状上，影响番茄产量的构成因素主要是单位面积合理种植株数、平均单株结果数和平均单果重。

单位面积产量=单位面积种植株数×单株平均产量=单位面积种植株数×（平均单株结果数×平均单果重）

单株结果数对增产起主要作用，单果重对产量的影响较小。

构成产量的各个因素间往往呈负相关，此增彼减。育种中通过增加果数，或增加果重，或通过适当控制果数和果重而增加两者的综合效应的途径选育高产品种，或通过遗传改良增加单位面积种植株数，以达到丰产稳产。

除直接度量的表观形态特征外，近年又兴起以提高光能利用率为中心的生理育种，对与丰产性有关的生理特性进行选育，如高光效、低呼吸、低补偿点等。

（一）果实数目的选配

F_1 增产的因素大多以单株结果数增多起主要作用，亲本单株结果数相差较大的其 F_1 果数大多为中间偏多，双亲结果数目相差不大时其 F_1 有可能出现超亲遗传，因此应选结果数多又相差不大的双亲杂交，利于增加杂种的结果数以提高产量。结果数多就要求开花数多，花数多少与花序有关，不分枝的单花序大多花数较少，总状花序和稍有分枝的复花序大多花数中等，多次分枝的复花序都是多花的，一般情况下序内花数很少成为结果数的限制因素，选配时可直接注意结果数。多花品种结实率往往较低，因此多花品种不一定就是丰产品种，还要有高结实率，小果种的结实率较高，大果品种单瓣花和花粉多的结实率高，花柱早期伸出药外和复柱头花常落花较多。实际常用的鉴定法是在始熟期进行全株着果数调查而省略对花数和结实率的鉴定选择，植株连续坐果能力强的品种其丰产性也好。串番茄植株连续坐果能力和承果能力要强，能同时承载10束果。

（二）果实大小的选配

结果数多的品种不一定是丰产品种，因为可能果实很小。杂交果实较亲本增大的，多发生在两个亲本果重相差较小的情况下，如大果×大果、大果×中果、中果×中果，若双亲单果重差异较大时，则 F_1 单果重不会表现杂种优势，多接近于双亲的中间值类型，且往往是中间偏小。双亲单果重差异越大，其 F_1 增产潜力越小，且倾向小果亲本的优势也越明显，因此从增产和增大果重的角度考虑，大果×小果组合几乎没有使用价值。为了在单果重方面获得杂种优势，选择亲本时不宜选用果型与果重差异过大的品种，一般应以大果类型或中果作为亲本为宜。据李景富等报道，单果重的遗传力低，要在高世代进行选择才能收到较好的效果。

结果数与单果重呈负相关，选配双亲时要合理搭配，一般是双亲在结果数与单果方面不要差异过大。

（三）株型的选配

除适合加工番茄或矮架抢早栽培品种外，一般多选用双亲为无限生长类型或至少有一个亲本为无限生长类型，通过选用合适株高、上冲叶片、紧凑株型等来提高生理效能，以增加单位面积合理种植株数而达到高产。

二、番茄抗病育种

（一）黄化曲叶病毒病

黄化曲叶病毒病是近年发生的一种暴发性、毁灭性新病害，一旦发病很难控制。番茄黄化卷叶病毒病1939年在以色列首次发现，是一类由烟粉虱介导传播的双生病毒，该病毒为双生病毒科菜豆金色花叶病毒属成员。

黄化曲叶病毒病的人工接种方法主要有集体接种法、网罩接种法、田间自然接种法三种。集体接种受粉虱喜食性影响，不适于中低抗材料的鉴定，因为接种物密度较大能够克服抗性机制。温室控制的集体接种法可能会遇到不选择的问题，如物理障碍：叶片上的蜡质及特化的表皮毛等都会抑制粉虱的喂养。这个问题在鉴定野生材料抗性时特别显著，某些感病材料不能被侵染，当栽培种和野生种一起鉴定时，野生材料不选择的发生使得粉虱很难均匀分布，增加了感病材料避开被侵染的可能性，而网罩下个体接种能避免这种情况，确保100%的发病率。集体接种法不适合用在育种方案中，因为当筛选新的抗源时，可能错误地选择感病材料。

网罩接种的主要过程如下：待测品种长到3~4片真叶时，种植于苗盘，并放在单独的网罩内。烟粉虱成虫获毒饲养48 h。在防虫网罩内每株约有15~20头携带病毒的粉虱。接种4d后，喷杀虫剂，植株被移到防虫温室，并观察其症状。这种方法排除了粉虱喜食性的影响。网罩接种能控制粉虱的数量、虫龄、接种时间及获毒时间等，并且粉虱分布均匀，避免了不选择性。因此，网罩接种很适合鉴定野生材料和不同抗性水平的材料。个体网罩接种鉴定方法是筛选抗番茄黄化曲叶病毒品种较为有效及可靠的方法。

田间自然接种是在自然发病条件下的田间鉴定，利用田间带毒烟粉虱接种，自然发病，尤其在病害的常发区，可进行多年鉴定。此法方便快捷，但是带毒粉虱的数量不能保证，不同年度间结果差异较大，受粉虱喜食性影响较大。

（二）烟草花叶病毒病

烟草花叶病毒主要引起番茄花叶症状，在高温强光下，或与马铃薯病毒混合侵染，产生条斑症状。

病毒粒体杆状，约280 nm×15 nm，失毒温度90~93℃ 10 min，稀释限点1 000 000倍，体外保毒期72~96 h，在干燥病组织内存活30年以上。

烟草花叶病毒在我国已分化出4个株系，即0、1、1.2和2株系，其中0和1株系分布最广，是我国多个地区的优势株系，株系的分布情况也是动态的。

接种菌源采用ToMV 0株系或1株系病原菌。先将病菌在普通烟上扩繁，等番茄长到1~2片真叶时第1次接种，5~7d后再回接一次。采用金刚砂摩擦法接种，接种浓度为1g病叶加0.01 mol/L、pH值7.0的磷酸缓冲液10 mL，混入金刚砂后研磨成菌液摩擦接种，接种约2周进行发病情况调查。

1. 病情分级标准

0级：无任何症状。

1级：明脉，轻花叶。

3级：新叶及中部叶片花叶。

5级：新叶及中部叶片花叶，少数叶片畸形、皱缩或植株轻度矮化。

7级：重花叶，多数叶片畸形、皱缩或植株矮化。

9级：重花叶，畸形，植株严重矮化，甚至死亡。

2. 群体抗性分类标准

免疫：病情指数为0，植株不带毒。

高抗：0<病情指数≤2。

抗病：2<病情指数≤15。

中抗：15<病情指数≤30。

感病：病情指数>30。

病情指数=Σ（各级病株数×各级代表值）×100/（调查总株数×最高级代表值）。其他病害病情指数计算相同。

（三）叶霉病

由半知菌亚门真菌褐孢霉侵染所致，一般只为害叶片，严重时茎、花、果实也可发病。

叶霉病菌在马铃薯葡萄糖琼脂培养基（PDA）和马铃薯蔗糖琼脂培养基（PSA）上生长缓慢，但菌丝层厚；在燕麦培养基和玉米粉培养基上生长迅速，但菌丝层薄。由于叶霉菌的分生孢子在培养基上生长量少，接种时，常从感病植株上洗刷孢子配成孢子悬浮液接种。

叶片接种常采用喷雾法。配制孢子悬液浓度 1×10^6 个/mL，幼苗长至 3~4 片真叶时，用喷雾器将孢子悬液喷于叶片背面。为确保发病，接种后的温湿管理非常重要，尤其是湿度，接种后头一天，室内相对空气湿度必须达到 100%，以后可保持在 85%~100%之间。温度以 19~24℃为宜，切忌低于 15℃或高于 32℃，正常光照即可，大约 14d 后出现症状，进行调查。

1. 病情分级标准

0 级：无症状。

1 级：接种叶出现褪绿至黄色病斑。

3 级：接种叶病斑上产生一薄层霉层。

5 级：接种叶病斑上产生明显的霉层。

7 级：接种叶病斑上产生浓密的霉层，上部叶片也受到侵染。

9 级：除接种叶病斑上有浓密的霉层外，上部叶片的霉层也很明显。

2. 群体抗性分类标准

免疫（I）：病情指数为 0。

高抗（HR）：0<病情指数≤11。

抗病（R）：11<病情指数≤22。

中抗（MR），22<病情指数≤33。

中感（MS）：33<病情指数≤55。

高感（HS）：病情指数>55。

（四）灰霉病

由半知菌亚门灰葡萄孢属侵染所致，是一种世界性重要病害。苗期发病时引起茎叶腐烂，病部灰褐色，表面密生灰霉。

病菌生长适宜培养基为PDA培养基，在5~30℃均可生长，20~25℃生长最适。

1. 喷雾法接种

将菌株接种于PDA培养基上，待菌丝变成暗灰黑色形成孢子后，用无菌水冲洗菌落形成孢子悬浮液，然后用纱布过滤菌丝，再用无菌水将孢子悬浮液配制成孢子1×10^{6}个/mL的浓度。选取4叶期、6叶期和8叶期的幼苗，在20℃、相对湿度100%的黑暗条件下保湿24h，接种后7d调查发病面积（即发病面积占整株的百分比）。每份试材3次重复，每次重复10株。

2. 病叶分级标准

0级：无病斑。

1级：病斑占叶面积的5%以下。

3级：病斑占叶面积的6%~15%。

5级：病斑占叶面积的16%~25%。

7级：病斑占叶面积的26%~50%。

9级：病斑占叶面积的51%以上（或叶柄折断）。

三、番茄品质育种

优质番茄品种要求果实具有较好的外观商品性状、良好的风味和较高的营养价值。

（一）外观商品性状

鲜食大果品种要求果实果色亮丽、着色均匀、果个均匀一致、圆形或近圆形、果形指数接近1、形正无畸形、果脐小、梗洼木质化部圆小、果面光滑无棱褶、无纵裂和环裂、无筋腐等。无绿肩品种要求全果成熟一致，呈同一果色。有绿肩品种要求果实成熟时果肩部位为绿色或深绿色、其他部分呈同一果色；串番茄品种因果实成串采收，要求果实成熟后能长时间保留在果穗上不脱落，果穗呈鱼骨状、花序短缩、果实紧贴在花序上、果实在果穗上左右上下均等排列、整串果实排列优美，同一果穗上每个果实同时成熟，果实大小、形状和颜色整齐一致。果成熟上市时萼片呈绿色、不易干燥黄化、平展无卷曲、肥厚而大，串番茄果实一般为深红色、酸甜适中、风味佳。

果实抗裂、耐贮运、货架寿命长。多数消费者喜欢粉红或大红果色，我国北方喜食粉红色大果，果汁多、果肉较柔滑，果实有无绿肩均可；红果品种一般要求整个果色一致、无绿肩，南方特别是广东则要求红果、个中、汁少、肉厚而坚硬。鲜食樱桃番茄品种要求果色亮丽、圆形或长形、单果重在15~50 g之间、果个均匀，果色以粉红或红色为主，也有绿色、黄色等类型。

若选育的杂种要求圆形，双亲在果形选配上应以圆×扁、圆×圆为宜，而选育长形樱桃番茄则以长×长为宜。研究指出番茄绿叶脉与桃形尖突果相关，欲选育桃形果可选用绿叶脉类型番茄作为亲本。选用单花序的果个往往较为均匀。有绿肩为显性，要选育无绿肩的杂种则双亲都应不带绿果肩；无肩与绿肩相配虽可产生有绿肩的杂种，但往往绿肩颜色较浅，因此要选育绿肩的粉红品种，最好双亲都带绿果肩，同时注意淘汰果实成熟时果肩呈黄色的类型。选育粉色品种双亲当然都要选择粉色。粉色和红色双亲杂交其 F_1 虽为红色，但色泽不深，因此选育红果品种最好还是双亲都为红色。鲜食粉果要求多汁，心室多的品种果汁往往较多，但多心室的品种硬度往往较低。

（二）风味

番茄果实可溶性固形物含量越高风味越浓。通常无限生长类型可溶性固形物含量较有限生长类型高，小果类型较大果类型高，中晚熟类型较早熟类型高。一般鲜食大果可溶性固形物含量在4%~6%之间，鲜食樱桃番茄高者可达7%~8%。可溶性固形物内主要影响风味的成分是含糖量、含酸量和糖酸比值，此外还有影响香味的挥发性化合物。良好的风味必须具有较高的含糖量和糖/酸比值，但是一定的含酸量也是良好风味所必需的。合适的糖酸比为6.9~10.8，但也有人认为糖酸比应为4~6。高糖低酸使番茄味单而淡，低糖高酸使番茄味酸，低糖低酸则果实无味。果肉部分比心室部分含有较多的还原糖和较少的有机酸，因此凡心室占比大的品种风味优于占比小的。

研究指出，风味品质与可溶性固形物、糖、维生素C之间呈极显著正相关。可溶性固形物与糖、酸、维生素C、果形指数之间存在显著的正相关，与单果重之间存在极显著的负相关，说明提高糖、酸、维生素C含量和果形指数，减小单果重，可以提高可溶性固形物含量。通过提高糖含量、降低维生素C和酸含量，可以提高糖/酸比。

（三）营养价值

番茄果实的营养价值除糖、酸外，主要在于含有维生素C和维生素A原。一种橙色色素β-胡萝卜素能转变为维生素A原。红果品种的主要色素——番茄红素并没有维生素A原的活性，而某些橙色品种维生素A原的活性要比红果品种高得多，导致橙色品种维生素A原的水平高出红果品种8~10倍。能增加类胡萝卜素总量的基因如高色素基因hp提供了增加维生素A和维生素C两者的可能性，然而它对生长速度、产量和果实大小又会产生不利的影响，严重限制了同时用以改进颜色和营养价值。而那些增加番茄红素的基因如深红色基因则减少维生素A原含量。消费者广泛存在的“愈红愈好”的观念给番茄营养价值的选育造成困难。番茄维生素C的水平存在广泛的变异（10~120 mg/100 g鲜重），高维生素C含量和小果之间的连锁或基因的多效性限制了这一广泛变异的利用，大部分是将其保持在可以接受的水平。维生素C遗传力高，可在早期世代进行单株系选。

第二节　辣椒育种

一、辣椒杂交育种

杂交育种是根据品种的选育目标选配亲本，通过人工杂交的手段，把分散在不同亲本上的优良性状组合到杂种之中，对其后代进行培育选择、比较鉴定，获得遗传性相对稳定、有栽培和利用价值的定型新品种的一种重要育种途径。杂交育种是被广泛采用的、卓有成效的育种途径，世界上许多高产、优质、抗病和适于机械化栽培的优良辣椒品种都是通过有性杂交育成的。

（一）有性杂交技术

辣椒在一天中的任何时候都可进行杂交，但最好在尚未被昆虫污染和花蕾成熟期的清早或傍晚进行杂交。选作杂交的花首先用放大镜仔细检查柱头，如果发现有花粉污染了则捏掉。花药未开裂的成熟花粉在-5℃和97%的相对湿度下可以保存大约10d。用针从成熟而未开裂的花药侧缝中挑出花粉轻轻地授到柱头上，或者用镊子将开裂不久的花药与柱头轻碰几下。为了加快速度，通常一次同时去雄授粉几朵花。手和授粉工具都不能在不同的杂交或自交之间相互混杂。授了粉的花用彩色线疏松地套在花梗上作为标记，围住叶柄做则保护更好。在同一植株上用不同颜色的线标记不同的杂交，自交的用白线标记。授了粉的花用双层纱布疏松地包住枝条，围住叶和花再用线扎紧以防止蜜蜂采粉污染。用适当的塑料牌写明杂交组合、授粉日期，挂在植株上。授粉后应定期检查，大约45天后果实就会成熟。

辣椒通过蜜蜂传粉可有相当数量的天然杂交率，这可能就是一些辣椒品种生活力强的原因。露地有7.6%~36.8%的天然异交率，平均为16.5%。在开阔地，辣椒的最小安全隔离距离是200 m。

（二）杂交亲本的选择与选配

亲本选择是指根据品种选育目标选用具有优良性状的品种类型作为杂交亲本。亲本选配是指从入选的亲本中选用哪两个亲本配组杂交和配组的方式。亲本选择、选配得当，可以较多地获得符合选育目标的变异类型，从而提高育种工作的效率；亲本选择、选配不当，即使选配了大量杂交组合，也不一定能获得符合选育目标的变异类型，造成不必要的人力、物力和时间的浪费。所以有性杂交育种中的首要工作是正确地选择和选配亲本。

1. 亲本选择的原则

（1）亲本应具有尽可能多的优良性状

双亲如果具有较多的优良性状，则提高了育种的起点，有利于杂交双亲性状的互补和累加，从而选育出具有更多优良性状和性状超亲的优良个体。采用不良性状多的亲本杂交，特别是遗传力高的不良性状，会加大对后代改良的难度，增加育种工作量，延长育种年限，因此在选择亲本时应尽量避免。

（2）明确选择亲本的目标性状

根据品种选育的目标，要分清主次，希望得到的目标性状要有较高的水平，但某些必要性状（如丰产性、商品性等）不能低于主栽品种。这样才能在配组的杂交后代中选育出既符合主要育种目标，又能在生产上大面积推广应用的新品种。

（3）掌握大量原始材料

为了得到高水平的亲本，要按照目标性状的要求，大量收集原始材料，研究目标性状的遗传规律。掌握的原始材料越丰富，越易从中筛选出符合育种目标的高水平杂交亲本；对目标性状的遗传规律了解得越清楚，越能减少选择亲本的盲目性。

（4）重视选用地方品种

地方品种经历了当地长期的自然选择和人工选择，对当地的自然条件和栽培条件的适应性强，产品也较符合当地的消费习惯，且人们对其各种性状的优缺点了解也较清楚。用地方品种作亲本，育成的品种对当地的适应性也强，容易在当地大面积推广。

（5）亲本优良性状的遗传传递力要强

杂交亲本对同一对性状在杂交后代的表现有强有弱，杂交后代出现优良性状个体的频率和水平倾向于遗传力强的亲本，所以应选择优良性状遗传力强而不良性状遗传力弱的亲本，从而使杂交后代群体内有较多优良性状组合个体出现。

2. 亲本选配的原则

（1）双亲性状互补

性状互补就是杂交亲本双方“取长补短”，把亲本双方的优良性状综合在杂交后代的同一个体上。优良性状互补有两方面的含义：一是不同性状的互补；二是构成同一性状的不同单位性状的互补。不同性状的互补，如早熟、抗病辣椒品种的选育，亲本一方应具有早熟性，而另一方应具有抗病性。同一性状不同单位性状的互补，以早熟性例，有些品种的早熟主要是由于显蕾、开花早，另一些品种的早熟主要是由于果实生长速度快，选配这两类不同早熟单位性状的亲本配成杂交组合，其后代有可能出现开花早、果实生长速度快、早熟性明显超亲的变异类型。

辣椒性状的遗传是很复杂的，亲本性状互补配组的杂交后代表现往往并不是亲本优缺点简单的机械结合，特别是数量性状表现更是如此。例如，选育高产、抗病的品种，如果用很高产而抗性差的品种与抗性强而产量低的品种杂交，杂种后代不一定就会出现高产、抗病的变异类型。如果选配的亲本这两个性状都有较高水平，则杂交后代有可能在这两个性状上都达到高亲的水平或出现超亲变异。在育种实践中则靠多选配一些组合，从中筛选优良组合来解决。

（2）选择亲缘关系较远的亲本配组

不同类型是指生长发育习性不同、栽培季节不同或其他性状方面有明显差异的亲本。如辣椒品种与甜椒品种间、牛角椒品种与线椒品种间、单花品种与多花品种间、直立型与散开型间等。不同类型亲本的亲缘关系大多比同类型的基因型有较大分化。不同地理起源是指虽然一般性状方面可能差异不是很大，但基因型可能已比同地区的品种间有较大分化，对自然条件的适应性有较大差异。用不同类型或不同地理起源的亲本配组，后代的分离往往较大，易于选出理想性状的重组类型。当然，并不是不同类型的亲本配组都优于同类型亲本配组，或不同地理起源的亲本配组都优于同地区内亲本配组，其实质在于亲本基因型差异的程度和性质。

（3）以最接近育种目标的亲本作母本

由于母本细胞质对后代的影响，在有些情况下后代性状较多倾向于母本，因此用最接近育种目标的亲本作母本，以具有须改良性状的亲本作父本。杂交后代出现综合优良性状的个体往往较多。例如，早熟品种选育最好用早熟亲本作母本，优质品种的选育最好是用品质好的亲本作母本，抗病育种最好是选用抗病、抗逆性强的亲本作母本，但作母本的亲本在其他性状上也必须超过或接近当地主栽品种。在实际育种中就是要选择具有最多优良性状的亲本作母本。如果是对某个主栽品种进行改良，则用被改良的品种作母本，用具有改良性状的亲本作父本。例如，当育种目标是提高早熟、优质品种的抗病性时，则抗病性就是须改良的性状，选配亲本时应该用品质、早熟性和其他经济性状都符合要求的不抗病品种作母本，用抗病品种作父本。用栽培品种与野生类型杂交时，由于栽培品种大多数性状都比较优良，接近育种目标，一般是利用野生种的抗病抗逆性改良品种的抗性，故通常都用栽培品种作母本，用野生类型作父本。本地品种与外地品种杂交时，由于本地品种的适应性好，通常以本地品种作母本。

（4）质量性状育种时要求双亲之一要符合育种目标

从隐性性状亲本的杂交后代内不可能分离出有显性性状的个体，因此当目标性状为显性时，亲本之一应具有这种显性性状，但不必双亲都具有。当目标性状为隐性时，虽双亲都不表现该性状，但只要有一个亲本是杂合性的，后代仍有可能分离出所需的隐性性状，可是这样就须事前能确定至少一个亲本是杂合性的。例如，要选育商品果为黄色的辣椒品种，由于辣椒的商品果绿色对黄色为显性，因此在选配杂交组合时，双亲之一必须有一个亲本含有黄色基因；如果要选育商品果为绿色的辣椒品种，双亲之一必须有一个亲本的商品果是绿色。

（三）杂种后代的选择

辣椒为常异花授粉蔬菜，自交衰退不明显，一般采用系谱选择法，经4~5代的自交选择即可得主要性状基本一致的新品系。

1. 杂种第一代（F_1）的选择

分别按杂交组合播种，每个组合一般种植20株。如果杂种的双亲是纯合的自交系，则 F_1 表现应是整齐一致的，所以只需根据杂种的表现淘汰不理想的组合即可。在中选的组合中只淘汰假杂种及显著不良的植株，一般不进行株选，仅按组合采收种子；如果 F_1 的双亲中有不是纯合的自交系或是多系杂交的，则 F_1 植株的株数要增加，且在 F_1 的优良组合内要进行单株选择。

2. 杂种第二代（F_2）的选择

将 F_1 上采收的种子按组合分别播种，由于 F_2 是性状强烈分离的世代，所以这一世代种植的群体规模要大，以保证 F_2 能分离出育种目标所期望的个体。一般一个组合种植的群体不能少于400株。F_2 的株选在整个选育工作中占有重要地位，选择得当，后继世代的选择可继续使性状得到改进和提高，否则后继世代的选择难以改进提高。因此，F_2 的选择要谨慎，选择标准也不宜过严，以免丢失优良基因型。在 F_2 代首先通过组合间比较，淘汰一部分平均表现较差的组合，再从入选的优良组合中选择优良的单株。F_2 代可根据下一世代可能种植的株系数和总株数来确定入选率；对表现突出的优良组合，可多入选优良单株，而次组合入选株数可少些。但入选的单株不能过多，要严格掌握入选标准，以免增加后继世代无益的负担。F_2 主要针对质量性状和遗传力高的性状进行单株选择，而受环境和显性效应影响大的数量性状，特别是遗传力低的性状选择不宜过严。辣椒的始花节位、开花期、植株开展度、果宽、果长、果肉厚、果重、辣椒素含量等性状的遗传力较高，宜在早期世代严格选择；而单株产量、早期产量、总产量、株高、类胡萝卜素含量、可溶性糖含量等性状遗传力较低，早代选择效果较差，宜在高世代选择。

3. 杂种第三代（F_3）的选择

F_2 入选的优良单株采种后分别按小区播种，由于 F_3 分离不像 F_2 强烈，所以一个株系种植几十株即可。F_3 及以后世代的主要任务是：在继续进行系统间和个体间的比较鉴定的基础上，迅速选出具有综合优良性状的稳定的纯育系统。从 F_3 起要按主要经济性状比较系统的优劣及一致性选出优良的系统，并在入选系统内针对仍在分离的性状选择单株，每一系统入选的株数可少些。

4. 杂种第四代（F_4）的选择

凡入选的单株采种后分别种植，并首先比较不同系统间的优劣，再比较同一系统不同姐妹系间的差异，最后从入选的优良株系中选择优良单株。从 F_4 起大多数性状已趋于稳定，株系内性状也基本一致，为了准确比较其产量、品质、抗病性等性状，每株系可设2~3次重复。F_4 开始出现稳定的系统，入选的优良系统去劣混收，升级鉴定；优良的系统群中各姐妹系间如果表现基本一致，可按系统群去劣混收，升级鉴定。对特别好的单株可单选。

5. 杂种第五代（F_5）及其以后世代的选择

F_5 及以后世代基本任务与 F_4 相似，主要进行株系比较和对不稳定性状继续进行选择，当主要经济性状基本一致时，就可按株系或系统群混合采种成为优良的品系。过多地自交纯化，不但延长了育种年限，而且会导致群体遗传基础贫乏，使其生活力和对环境的适应性降低。

选择的各世代还应种植对照品种，以比较各株系和单株的综合表现。由于辣椒是常异花授粉蔬菜，有一定的异交率，所以对入选的株系或单株应进行隔离，使之严格自交。选择着重分三次进行：第一次为辣椒植株生长前期，植株开始开花坐果时，主要对始花节位、开花期、苗期幼苗生长势及形态、始花坐果率等早熟性状进行初步选择，并且选留的株系、单株可以比原计划多1~2倍；第二次选择是在植株生长中期，商品果盛收期，主要对植株生长势、形态、前期的坐果率（早期产量）、商品果的特性、品质、抗病性等进行选择和淘汰；第三次选择在生长后期开始采收种果时进行，主要对整株的坐果率，特别是连续坐果性、果实特性、品质、抗病性等进行充分选择和淘汰。选育过程中对入选的株系应进行苗期人工接种抗病性鉴定，并结合田间自然抗病性鉴定结果，对入选株系的抗病性做出准确的评价和选择。

二、辣椒高产育种

高产是任何一个优良品种必须具备的基本特性。丰产性与品种的遗传和栽培的环境有关，一个高产品种必须具有三个条件：第一，要具有理想的株型和高光合作用能力；第二，由于辣椒生产的产品是果实，营养生长和生殖生长要相互协调，开花结果期长；第三，要具有较强的抗逆和适应环境的能力。

（一）产量构成因素

单位面积产量由单位面积的株数及单株产量构成，而单株产量又由单株结果数、单果重决定。单果重、单株结果数与单株产量呈显著正相关，是影响单株产量的直接因素，但单果重与单株结果数又呈负相关，所以选育丰产性时两性状必须兼顾，才更有利于丰产。单位面积的株数又受株型、叶量等因素的影响。从生理上提高光能利用率（高光效、低光呼吸、低补偿点等），可提高植株养分的积累，减少养分的消耗，从而提高单株的产量。所以丰产性育种应从多方面综合考虑，才能取得较好的效果。

辣椒杂种一代的杂种优势较明显，特别是单株产量和结果数的杂种优势最为显著。根据目前的研究报道，有90%左右的杂交组合在总产量上表现出超高亲优势，所以利用杂种优势来提高产量是常用的一种育种途径。辣椒的杂交组合表现出很高的杂种产量优势，总产量的平均杂种优势值为47.96%，且有83.3%的杂交组合产量超过高亲，这说明利用杂种优势来提高辣椒的产量是辣椒育种的重要途径之一。

（二）理想株型育种

所谓株型，是指植物体在空间的排列方式。狭义的株型是指植物体的形态特征、空间排列方式以及各性状之间的关系，如植株高矮、茎秆粗细、叶片形态（长短、宽窄、角度、颜色深浅、厚度等）、根系配置与分布，以及群体几何结构等。广义的株型是指植物生物学性状的组配形式及其整体表达，它除了在植株形态特征及空间排列方式上的要求之外，还包括与群体光能利用相关联的某些机能性状，如生育期、光合特性、源库协调性、叶秆比、休眠性、抗逆性、需肥性等。

理想株型的定义是“有利于作物光合作用和生长，同时使个体之间竞争力最小化的某些形态特征的组合。在由具有这些形态特征的个体组成的群体中，每个个体都能充分利用地上部和地下部有限的环境资源（光、热、矿质营养等），从而获得最大的生产力”。在该理论的基础上，将产量与某些形态特征之间的相关性发展为一种育种方法，称之为株型育种，意指通过对某些形态特征的直接选育就可获得具有较高产量的品种。

株型育种有狭义和广义之分。狭义的株型育种是通过改善某些重要形态性状，如株高、叶片形态等来增强耐肥抗倒能力，增加密度和最适叶面积指数，以达到提高光能利用率和增加产量的目的。广义的株型育种是指通过综合改善植株形态性状和生理机能，使育成品种充分利用当地的生态条件，以达到生物产量和经济系数共同提高的目的。

辣椒高产育种大致可通过“拓展产量潜力”和“控制限潜因子”两方面的遗传改良来实现。前者指直接改良产量及相关性状以提高辣椒品种的产量潜力，产量相关性状包括产量构成因素的单株结果数、单果重、主茎与分枝节数、生物学产量、收获指数或果茎比、决定光能利用的株型性状等。后者重点在于消除或降低限制产量潜力表达的各种因子（如倒伏、病害、虫害、逆害、营养元素缺乏等）的影响，提高品种的稳产性和适应性。显然，两者是相辅相成、密不可分的。

产量形成不但与产量性状基因有关，还取决于与之互作的遗传背景。辣椒高产最终来源于日光能的高效利用，群体光能利用的高低取决于植株的光合效率和群体结构。株型是与一定生态和生产条件相适应的，既决定日光能的利用效率，也影响产量稳定性及配套栽培技术体系。在辣椒品种产量水平达到一定高度后，要实现高产突破，株型的作用更重要。理想株型育种是实现辣椒高产的重要途径。辣椒株型性状包括叶、茎、根、花、枝等形态及相关光合生理特性，还包括一些群体特性如冠层的形态结构、光合特性、产量分布等。比较简单的对辣椒理想株型的研究是估计产量和一系列形态、生理性状之间的相关度，包括结果习性、叶片大小、颜色深浅、厚薄、生长角度、单位叶面积的光合速率等，这些性状被认为与光合作用及其最终产物（果实）产量有关。对于具体的株型性状，只要证明其对产量无负效应，就可能通过重组将该性状与高产背景结合，创造出适宜特定生态条件的新株型。

高产类型辣椒品种的叶面积指数、光合速率、干物质积累、开花结果、果实膨胀速度在动态过程中比中、低产类型均较大或较多或较快，成熟时表现为生物产量及收获指数均较高；其营养生长期相对较短而开花结果期相对较长，其果实在空间的分布垂直方向为均匀型，水平方向为主茎和侧枝结果并重型。由此对高产理想型的形态、生理性状组成模式做出以下推论：第一，成熟时的静态株型：高生物产量和收获指数，生长势较强，植株上下结果均匀，主茎和侧枝结果并重的空间产量分布。第二，生育过程中的动态生理模型：

营养生长期相对较短而开花结果期相对较长，叶面积前期扩展快，达峰值时间短，后期下降缓慢，开花结果期中上叶位功能期长，叶片光合速率高。

三、辣椒抗病育种

（一）育种目标

病害严重影响辣椒产量，导致品质下降。选育抗病品种是最经济、有效的途径。中国辣椒的主要病害有病毒病、疫病、炭疽病、细菌性斑点病（疮痂病）、青枯病、菌核病、叶枯病（灰斑病）、白星病、灰毒病、软腐病、细菌性叶斑病等，生理病害有日灼病、脐腐病等。目前生产上为害最严重的是病毒病、疫病，中国南方地区（如长江中下游地区）炭疽病、疮痂病和青枯病也日趋严重，北方地区日灼病为害严重。所以目前我国辣椒抗病育种最重要的目标是抗病毒病和疫病，其次为日灼病、炭疽病、疮痂病和青枯病等。抗病育种由原来的单一抗性向着复合抗性方向发展。

（二）抗病毒病育种

病毒病是我国辣椒生产中的首要病害。近年来，全国各地病毒病发生日益严重，对辣椒生产影响较大，通常使辣椒减产20%~70%，且使品质变劣，失去商品价值。对病毒病迄今为止尚未找到有效的防治方法，利用抗病品种是防止病毒病为害的经济而有效的途径。

1. 种类

侵染中国辣椒的病毒的主要种类有 cmV（黄瓜花叶病毒）、TMV（烟草花叶病毒）、PVX（马铃薯X病毒）、PVY（马铃薯Y病毒），其中以 cmV 和 TMV 田间检出率最高、为害最严重，是中国辣椒生产上的主导病毒毒源，也是辣椒抗病育种的主要目标。近年来，随着抗 TMV、耐 cmV 品种的应用，PVX、PVY 在田间的检出率有所上升，所以应逐步重视和开展抗 PVX、PVY 的辣椒抗病育种研究。不同地区的病毒毒源种群和株系分化不同，其致病力也有一定的差别，各地应根据具体情况选育抗病品种。

2. 鉴定

在进行抗性筛选之前，必须对病毒进行鉴定，使其保持在适当的寄主上。鉴定病毒可能比较困难，它涉及育种家、病毒学家、电子显微镜家、昆虫学家和免疫学家（产生抗血清）的合作，还需要技术人员的帮助。其鉴定方法主要有以下四种。

（1）不同寄主的反应

这是鉴定病毒的重要方法。将一种未知病毒接种到几种测验寄主上，将症状与用已知病毒接种在同一寄主上所产生的症状相比较。在一种或多种寄主上的特征症状与被已知病毒感染所产生的症状相同时，便可诊断这个未知病毒。

（2）交互保护

这是了解同一病毒不同株系间关系的一种敏感的生物学测定方法。一个株系必须是在测验寄主上产生局部坏死的已知病毒，未知病毒能产生系统症状。如果这两种病毒关系密切，在寄主上能产生系统症状的株系的存在将阻止挑战病毒入侵，不出现局部坏死斑。

（3）血清学

准确鉴定病毒需要血清学方法和电子显微镜。进行血清学实验须制备用于测定未定病毒（抗原）的已知抗病毒血清。

（4）酶联免疫吸附剂分析（ELISA）

这个敏感的植物病毒鉴定的免疫学技术，开始是用来诊断人类和动物病毒病的，但现已证明也可广泛用于植物病毒。

3. **侵染源**

（1）杂草寄主

最成功的传播病毒到辣椒的杂草寄主是龙葵、黄香草木樨、黑眼金光菊、斑驳刺果三叶草等。

（2）作物寄主

从番茄上通过机械传播给辣椒的病毒有 cmV、TEV（烟草蚀纹病毒）、TMV 和 PVX，从硬皮甜瓜传播的有 cmV，从茄子传播的有 cmV 和 TEV，从烟草传播的有 TMV、TEV 和 PVX，从芥菜传播的有 PVX。

4. **传播**

（1）蚜虫

通过蚜虫以非持久性的螯针吸汁方式，可从感病杂草或作物将 cmV、PVY、TEV 和 PMV 传播给辣椒。

（2）种子

辣椒上的 SLTMV（TMV 的三生潜伏株系）通过种子胚乳传播的情况很少。胚对这种病毒似乎是免疫的。出苗期间幼苗可能被表面带毒的种子感染，但是当对幼苗不加处理时，萌发期间只有 1%~2%的烟草幼苗被 SLTMV 感染。但如果定植时对幼苗进行处理，特别是为了使幼苗长得粗壮而进行切根处理时，几乎 100%被感染。种子处理可除掉这种侵染源。cmV、PVY、TEV 和 PMV（辣椒斑驳病毒）不是靠种子传播的。

（三）抗病品种的选育

1. 混合选择法

混合选择法是一种最简便的育种方法。最基本的做法是从留种植株中淘汰掉感病植株，其余混合留种或根据需要再进行下一轮的选择。采用这种方法通常都要在自然发病严重的条件下进行，从田间选择最抗病的植株进行留种。这种方法不利之处是抗病性提高较慢，对于异花授粉作物的花粉来源无法控制，只能控制母本一方，由于环境与病原体相互作用而表现的差异可能大于寄主遗传性与病原体相互作用的差异。混合选择法选育的品种一般都具有一定的杂合性，这对于增强品种的水平抗性可能有一定的好处。

2. 系谱选择法

选出的单株进行自交或互相交配，然后分别就单株后代（单系）进行抗性鉴定，只保留最抗病的单系供进一步选择鉴定之用。这种方法可以更好地控制育种材料的遗传性，减少环境互作的影响。实践证明，系谱选择法用于自花授粉作物是非常成功的，它可以有效地分离纯系，用于反复鉴定其抗病性，看是否比原始品种更好。

3. 杂交育种法

杂交育种法是抗病育种中应用最广泛和最有效的方法。它是利用两个或两个以上亲本进行人工杂交以综合两个亲本的优良性状。这种方法使育种工作者有可能将某种病害的不同抗性类型或不同病害的抗性综合在一个品种中。从某一特定组合获得的 F_1 世代的植株在遗传性上是相同的，但对于每个抗病基因既可能是纯合的也可能是杂合的，主要决定于亲本的遗传组成。遗传分离出现在 F_2 以及以后世代，只有经过多代自交才能达到逐步纯合。

在杂交育种中，由于在栽培种中找不到合适的抗源，就可能要利用具有抗病基因的近缘野生种。在育种方法上，便要采用回交的方法将抗病基因转到栽培种中去。

在对于任何病害的抗病育种工作中，抗性鉴定究竟需要多少植株，每一世代需要选留多少植株将主要取决于抗性的遗传体系的复杂性。如果抗性是属于质量遗传的，则每一世代只需要少数植株进行测试即可。然而，对于数量遗传的抗性，在 F_1 世代中抗病和感病植株之间可能没有明确的界限，而抗性的表现往往受环境条件的很大影响。这种情况可能会严重影响在 F_2 世代的抗性选择，通常只有少数植株可供抗性鉴定，抗性选择常常只有推迟到 F_3 世代有多数植株时进行。对于数量性状遗传的抗性，在后代中可能出现比两亲抗性更强的个体，即超亲分离。为了增加从后代中发现这样植株的机会，有必要扩大 F_2 及以后世代的种植数量。

4. F_1 杂种的选育

利用杂种优势增强辣椒的抗性，也是行之有效的方法。目前国际市场上的商品辣椒种子多数都是 F_1 杂种，而且是复合抗性的。一般是选用两个或多个不同的亲本经过多代自交达到纯合后再进行杂交。F_1 杂种的主要等位基因都是杂合的，在辣椒上可以增强其抗病力。抗性可以通过一个亲本或双亲导入 F_1 杂种中。这里必须注意的是，如果抗性基因是显性的，则只要亲本之一具有该基因，在 F_1 都会表现抗病；如果抗性基因为隐性时，则必须双亲都要具有这样的基因才行。

第三节　茄子育种

一、茄子有性杂交育种

（一）有性杂交育种方法

通过有性杂交，把不同亲本材料的性状综合到杂种后代中，经过多代定向选择，选育出基因型纯合的、具有亲本优良经济性状的品种的育种途径，用一句话概括即是“先杂交后纯化”。该方法育种时间长、进展慢，且育种效果不很理想。随着生产发展和知识产权保护意识的增强，这种方法日益暴露出它的局限性，但它仍将是其他育种手段的重要辅助手段。特别是在当今育种工作已充分利用现有的栽培品种而又未找到新的抗源或所需的特殊材料时，利用远缘有性杂交使后代发生基因重组，再经若干代的定向选择鉴定，或采用回交法筛选材料，这是一条比较理想的途径。

1. 杂交亲本的选择与选配

首先根据育种的目标要求选择优良亲本材料，然后再依据目标性状的遗传规律及亲本所具有的特征特性，按照亲本互补的原则配组杂交。如若想选育一个果实长棒形、果皮光亮的露地栽培的茄子品种，在亲本的选择上要考虑双亲果型的差异，且至少其中一个亲本要具备果皮颜色较好的表现，这样在杂交后的选择上有可能选择到所需要的品种类型。

2. 确定杂交方式

如果目标性状主要集中在两个亲本上，则可以采用简单的单交法；如果目标性状分散，则可以考虑采用多亲杂交法；如果只改进某一亲本的 1～2 个不良性状，则可以采用回交方法。

3. 杂交后代的选择

杂交后代的选择是杂交育种成功的关键。选择方法得当，不仅可以获得育种目标所需要的个体类型，培育出优良品种，而且能缩短育种周期，提高育种效率。有性杂种二代开始基因分离，对一些单基因或寡基因控制的质量性状的选择从 F_2 就开始了。经过 4~6 代个体或群体鉴定、选择和淘汰，把分散在不同亲本上的优良基因集中到若干个体或小群体内，把入选的优良个体或小群体加以繁育，经过一系列鉴定、选择和淘汰就育成了新的茄子定型品种。

以上所述各条，只是一般指导的原则。由于涉及茄子的遗传性状较多，它们的遗传机制十分复杂，许多性状的遗传规律尚在探讨之中，因此在实践中应尽可能多地选配一些组合，以增加理想变异类型出现的机会。

（二）有性杂交在茄子抗性育种中的应用

通过种间有性杂交可以改良茄子的农艺性状，并且可以把近缘野生种质内的优良性状导入栽培种内。在发展中国家，90%的商品茄子都是通过有性杂交育种培育而成。杂交育种能较大幅度地提高供试材料的抗病性，但具有较高抗性的材料基本上都属于野生种和半野生种，很难实现抗病性与农艺性状的统一，这是制约茄子抗黄萎病育种的重要因素。

大多数的研究证明抗病性和感病性都是受遗传因子控制的，这些因子的每一个基因位点都具有明显的主效作用。通过大量的抗病遗传学的研究，在许多农作物中已标记出了对病原菌有专一性的基因位点，它们决定了对特异的病原菌或病原生理小种的抗性。育种专家以抗病性较强的植物作为主效抗病基因的供体，并通过与目标植物多次回交的方法进行抗病基因转移。然而，由于植物抗病基因往往和不良的农艺性状基因连锁，因此，要获得抗病性和农艺性都符合农业生产要求的作物品种难度很大。

二、茄子引变育种

（一）辐射育种

辐射育种是用电离射线照射生物，引起生物遗传物质的变异，通过选择和培育，从中创造出优良的新品种的育种途径。这种育种途径主要用于在茄子自然群体不能发现或不能通过重组育种、优势杂交育种等途径获得目标性状的新品种或新种质的创造上，可以作为一种有效的育种辅助手段而应用。研究指出，辐射可使突变频率增加 1000 倍左右，而且变异谱同时也有了很大的差异。辐射可诱发自然界本来没有的全新类型，这样便可迅速丰富作物的“基因库”，从而扩大了选择范围，增加了选择机会。另外，辐射育种可以诱发抗病性突变，在有可能不改变优良品种综合经济性状的基础上，使一个品种产生抗性突变。齐齐哈尔市蔬菜研究所彭章概等将盖县长茄干种子用剂量为 10.32 C/kg 的^{60}Co辐射处理后，从中筛选出了优良突变体株，育成了齐茄 2 号，表现为抗病、丰产、品质优良，并一度成为黑龙江地区茄子主栽品种之一。

（二）诱变育种

诱变育种是人为地利用物理和化学等因素诱发作物产生遗传变异（基因突变、染色体畸变或染色体数倍性增加），通过对这些变异体的选择和鉴定，直接或间接地培育成生产上有利用价值的新品种。这种育种途径主要用于在园艺植物自然群体不能发现或不能通过重组育种、优势杂交育种等途径获得目标性状的新品种或新种质的创造上，它以电离辐射和化学诱变为主要手段，以基因突变或染色体结构变异为基础；而以秋水仙碱为主要诱变剂的多倍体育种则是以染色体数量的成倍变异为基础。

诱变育种可以解决多种独特的育种问题，可以作为一种有效的育种辅助手段而应用。李树贤等（2000 年）用秋水仙碱作诱变剂获取同源四倍体茄子①。采用 1%的秋水仙碱羊毛脂制剂涂抹幼苗生长点 2 次，即可获得较高频率的四倍体，四倍体株率为 6.0%～8.62%。用秋水仙碱诱导多倍体，除受浓度影响外，受体处理方式、滴苗次数、处理时间等都有影响。在幼苗生长至二叶一心期、子叶完全平展时，滴苗效果最佳，滴苗的时间以 10：00～12：00，16：00～18：00 比较适宜。其能有效地阻止正在分裂的植物细胞内纺锤丝形成，使植物细胞染色体得以加倍，从而获得同源四倍体个体。不同品种诱导效果差异明显。同源四倍体茄子植株表现的特征为植株较矮、直立性强、生育期较长，叶片增厚、叶色浓绿，节间变短，第一雌花节位增高，种子数为几粒至几十粒不等。这一结果与经秋水仙碱处理后的其他蔬菜表现一致。

王军等用 35keV 的 N^+ 离子束注入茄子种子，进行诱变处理②。通过田间种植对照分析，茄子比对照组增产 25.0%～57.9%，发病率仅在 1.89%～4.62%，变异果大，变异明显。实验结果表明，用 N^+ 离子束对茄子进行诱变，对当代种子具有明显的增产、增收、提高抗病率的效应，反映出这种新源的诱变功效。

王世恒等研究了茄子航天搭载材料 SP_1 至 SP_4 代的变异发生情况③。研究结果表明，

---

① 李树贤，吴志娟，李明珠，等．同源四倍体茄子诱变技术的研究［J］．西北农业学报，2000，(第 4 期)：26-29.

② 茄子，番茄，辣椒种子经 N+离子注入后的生物效应［J］．种子，2002（5）：3.

③ 王世恒，郑积荣，张雅，等．茄果类蔬菜空间诱变育种变异材料的选育技术［J］．浙江农业学报，2010，(第 5 期)：603-608.

SP_1代发芽率、发芽势、出苗率、植株形态（生长势）、果实性状、生育特性（熟性和育性）等性状株系间虽有些不一致，但与对照组相比无明显差异，说明空间诱变所产生的变异很少能在SP_1代表现。

空间诱变所产生的变异主要出现在SP_2代群体中，这一现象也在其他人的研究中得到证实，搭载材料的植株形态、果实性状、生育特性等性状均会发生变异。而从SP_3代开始，除茄子HE6外，来源相同的不同世代与SP_2代相比，各种性状其个体间的差异不明显，随着世代的推进，其标准差也逐渐缩小，说明各性状逐渐趋于稳定。因此，变异材料在SP_2代进行选择是最有效的，可从株型、果实性状、生育特性等方面进行选择。空间诱变在SP_2代群体中的变异频率在0.5%左右。从理论上讲，为确保能选到较多的优良变异材料，搭载种子越多越好，SP_2群体应越大越好，但群体越大，投入的物力、人力和财力越大，通常情况下无法实现。

三、茄子远源杂交育种

随着育种工作的深入，植物种内的遗传资源利用日益枯竭，同时也发现某些优良性状的基因库贫乏，采用种内资源进行常规育种实践难以取得突破。到种外寻找合适的基因资源，采用远缘杂交技术实现有利基因的转移，已成为一条重要途径。

所谓远缘杂交是指植物分类学上不同种、属及其以上类型之间的杂交，泛指亲缘关系疏远的类型之间的杂交，一般指有性远缘杂交。远缘杂交近几十年来取得了长足进展，创造了小黑麦、小燕麦、糊麻、甘蓝、甘蓝型油菜等作物新类型。利用异种的特殊有利性状（抗病、抗逆、优质等），广泛进行了马铃薯、番茄、油菜、小麦、水稻等作物的远缘杂交，育成了一些新品种或中间育种材料；现代育种学利用远缘杂交的手段导入胞质不育基因或破坏原来的质核协调关系育成白菜、甘蓝、甘蓝型油菜、番茄、南瓜等多种作物的雄性不育系和保持系；利用远缘杂交能产生众多变异类型的特点，对观赏园艺植物可以筛选出具有观赏价值的新品系，以丰富植物的多样性。由于远缘杂交可以解决近缘杂交所不易解决的问题，因此远缘杂交育种已越来越被育种家们所重视和利用。

但是，相较常规的种内杂交，由于双亲形态、生理生化等特点不同，远缘杂交往往遇到不同程度的生殖隔离，常常表现出杂交不亲和、杂种不育、杂种不稔、杂种后代遗传变异复杂等问题，使远缘杂交育种成功率不高。

对于这些生殖障碍及其克服方法，国内外做了大量研究。首先，在鉴定杂交亲和性方面，研究发现远缘杂交授粉后柱头乳突细胞内会积累大量的胼胝质，是柱头对异源花粉的一种特异性拒绝反应，而且胼胝质反应的强度和杂交亲本亲缘程度有一定的相关性，而胼胝质可以和脱色的苯胺蓝（ABF）反应，因此ABF是鉴定亲和性的常用方法；在克服杂交不亲和性和杂种不育性（二者统称不可交配性）方面，克服的方法有调整杂交方向、筛选和创造可交配基因型、改变亲和杂种染色体倍数、桥梁杂交、改变授粉方式、激素处理、胚胎挽救、胚珠和子房的离体培养、消除脂肪物质、花柱截短与嫁接、改善发芽和生长条件、利用辐射技术等；对于杂种不稳性，可用杂种染色体加倍、选育适合亲本、交换父母本、利用大小孢子不育性差异、不断回交、嫁接等方法解决；对于杂种后代遗传变异复杂和剧烈分离问题，则综合应用加大群体规模、推迟选择世代、筛选中间材料、多次选择、适当舍弃等措施。此外，在杂种鉴定方面，除了根据形态学、细胞学方法外，还提出了应用电镜技术、同工酶分析技术和分子生物学技术。

总之，远缘杂交的不亲和、杂种不育、杂种不稳和杂种后代遗传变异复杂等是远缘杂交中经常遇到的问题。上述解决方法是经过大量研究后的经验总结，对克服某些组合的杂交障碍确实是行之有效的途径，但不一定适合其他的远缘杂交组合，还需要进行进一步的探索和研究。

第四节 萝卜育种

一、品质育种

随着人们生活水平的不断提高，对萝卜的品质提出了更高的要求。萝卜品质育种主要包括改善肉质根的外观（性状、大小、皮色等）、食用风味、营养成分等。由于萝卜的多形态及食用、加工方法的多种多样和各地食用习惯的不同，对品质的要求也不同，因此品质育种目标呈现多样化。

（一）育种目标

1. 春萝卜（春夏萝卜）

首要目标是冬性较强，不易抽薹糠心，皮薄且光滑、色白或鲜红，肉白色，质脆嫩，肉质根长圆柱形或圆球形，生长期 30~50d。

2. 夏秋萝卜

首要目标是耐热耐涝，高温条件下能正常生长，耐糠心，肉质细嫩、纤维少，味甜或略带辣味，皮全红或全白、薄且光滑，肉白色，长圆柱形或圆柱形，为多数地区所喜爱，生长期 60~70d。

3. 秋萝卜

(1) 红皮品种

皮色鲜红或鲜紫，肉白色致密，熟食风味好，生长期 70~90d。

(2) 白皮品种

肉质根圆柱或长圆柱形，皮白、薄且光滑，肉白色，味稍甜汁多，熟食风味好，生育期 60~90d。

(3) 绿皮绿肉

肉质根长圆柱或圆柱形，皮深绿，肉质翠绿色，质脆味甜，生食风味好，耐储藏，生长期 70~90d。

(4) 绿皮红肉品种

俗称心里美，肉质根呈短圆柱形，大部分出土，出土部分皮绿色，入土部分皮黄白色，肉色鲜紫红色，肉质脆嫩多汁，味甜而不辣，含维生素 C 20~30mg/100g（鲜重），可溶性固形物含量 6%左右，生长期 80~90d。

(5) 绿皮白肉

肉质根要求长圆柱形或圆柱形，或纺锤形，肉质较致密，水分含量适中，干物质含量较高，耐储藏，可腌渍，生长期 70~85d。

(6) 加工品种

肉质根要求个头较小，多呈圆柱形或近球形，皮白光滑，肉白致密，味甜，纤维少，干物质含量超过 10%，含水少，不易糠心。

4. 冬春萝卜

一般栽种于长江以南及西南地区等冬季不严寒的地区；育种目标是耐寒，冬性强，不易抽薹，不易糠心，肉质根大部分入土，可露地越冬。

（二）育种技术

1. 收集材料

根据品质育种目标要求，尽可能多地收集优质育种材料。可以到不同地区进行广泛的调查研究，然后有针对性地收集资源，只要有可利用的优良品质性状的材料，或有某些特异性状的材料都可拿来利用，可以将基因型互补的亲本进行组配，得到目标性状。对于一些优质材料，可以通过自交，并配合鉴定选择，使品种纯化。

2. 品质鉴定

在萝卜品质育种中，要对选择的亲本及所配组合的品质进行鉴定。以生食为主的材料，通常采用直接品尝鉴评的方法；以熟食菜用为主的材料，主要是通过炒食或煮食加以品尝鉴评。对于食用风味需要口尝鉴评的，最好多人参加，可以客观地做出评价。但是，单靠品尝鉴评结果难以定量表达，而且鉴评人往往意见不一。为此，何启伟、石惠莲等根据萝卜营养含量的特点和人们对生食秋萝卜品质风味的要求，提出了还原糖、维生素 C、淀粉酶、干物量、萝卜辣素等作为衡量萝卜营养品质的主要生化指标，将口尝鉴评与生化指标测定结合进行，使结果更可靠。

3. *克服品质与丰产、抗病的矛盾*

根据育种实践，品质与产量、抗性常存在着矛盾，品质好的多数不抗病或不丰产，而抗病或丰产的常是品质差的。所以在品质育种中要解决这个矛盾，可采用下面方法：第一，优质性状常受多基因控制，可采用连续定向选择的方法，即选择品质好、产量高和抗病性也较好的优良单株，这样选择效果较明显。第二，选择优质亲本系与丰产、抗病材料进行杂交，然后分离选择品质较好、较抗病、丰产的杂交材料。若某些性状仍嫌不足时，可用相应品种回交后再进行自交分离选择，直到选出符合育种目标的亲本系。第三，应用生物技术，将抗病、丰产基因导入优质材料中。

二、生态和熟性育种

我国萝卜栽培历史悠久，品种资源丰富，生态类型多样，在不同地区、不同季节都有不同的栽培类型和品种。随着蔬菜市场的开阔和国外种子的大量涌入，我们的育种目标不能仅限于当地当前市场，要面向国内国际市场，选育不同生态类型、不同熟性，适合于不同地区、不同季节栽培，经济性状优良，适应性强的萝卜新品种。

我国萝卜品种类型丰富多样，下面就依熟性来介绍育种目标和方法。

（一）早熟品种

以春萝卜为主，早春播种，初夏收获。由播种到肉质根长成收获在 60d 以内，因为早熟性表现为不完全显性，所以最主要是筛选早熟亲本材料。由于春萝卜生长期间先期寒冷，后期渐暖，日照由短变长，极易通过阶段发育而先期抽薹和糠心，所以冬性强、不易先期抽薹是春萝卜育种的重要目标。要获得冬性强的材料须进行鉴定和选择，具体方法：使要鉴定材料的种子萌动后，经 2～3℃低温处理 20～40d，然后播种，给予适宜的温度和 12 h 以上光照。注意调查记载，选择那些现蕾迟、抽薹慢且肉质根生长良好的材料及单株留种；或比正常播种期提前 20～30d 露地播种，并给予正常管理，按上述方法调查记载，选留材料。按这种方法可获得冬性强的材料。近几年呈发展趋势的樱桃萝卜属极早熟类型，生长期 30～40d，要求冬性强、不易抽薹、较耐寒，肉质根圆球形，皮色鲜红，表面光滑，肉质脆嫩，我国缺乏这类品种资源，可利用国外引入的品种资源。

（二）中熟品种

秋萝卜以中熟品种居多，而且多为大、中型品种，是我国普遍栽培的类型。一般夏末秋初播种，秋末冬初收获。

秋中熟萝卜品种较多，生长期 70~90d。由于其生长期、除苗期处在夏季，肉质根膨大期正处于适宜生长的秋季，所以有利于萝卜亲本系和杂交一代的选择和鉴定。及时对萝卜肉质根生长速度、品质和耐热性、耐寒性及抗病性进行鉴定和选择，同时选留种株，进行下一步育种工作。

夏秋中早熟萝卜，夏季播种，初秋（8-9 月份）收获上市，育种目标是生长期 60~70d，单根重 300~500g，肉质细腻，多为白皮白肉。由于夏秋中早熟萝卜生长期处于炎热多雨的夏季和初秋，有时也会遇到高温干旱，所以耐热和抗病毒病能力要强。在耐热方面，由于南方地区主要是湿热，北方地区主要是干热，所以又有耐湿热和耐干热的区别。在育种过程中，注意利用炎热、多雨、积涝的天气条件，进行鉴定和筛选。要特别注重选择那些肉质根生长速度快的材料，以期育成熟性早、品质优良的早中熟品种。耐热材料一般叶丛多偏于直立，叶色较淡，肉质根多为白皮白肉，这可以作为选择亲本材料的参考指标。

（三）晚熟品种

这类萝卜品种主要在无霜期短的地区栽培，一般 5-6 月份播种，10 月份收获。主要育种目标是生育期 100~120d，品质优良，特别要注重品种的耐抽薹性、抗病性和耐储藏性。

第五节　大白菜育种

一、丰产与品质育种

（一）丰产性状及遗传

1. 大白菜产量构成及相关性状与遗传

丰产是大白菜的主要育种目标之一。大白菜主要以叶球为产品器官，能否丰产取决于单位面积产量的高低，而单位面积产量主要受下面因素的影响：平均单株重、单位面积株数和净菜率（净菜率=平均单株净菜重/平均单株毛菜重）。净菜率与外叶多少和叶球紧实度有关，外叶多少与结球早晚有关，叶球紧实度又受肥水等条件及品种生长期和当地生长季节长短的影响；单株重包括外叶重和叶球重；合理密植时，单位面积株数由株幅决定。下面就对相关因素进行讨论。

（1）净菜率

净菜率是一个重要的经济性状，其高低决定着生物学产量中经济学产量的高低。一般来说，大白菜的生物学产量高，经济产量也高；生物学产量低，经济产量也低。由于大白菜不同品种类型的不同抱球方式和各地对商品菜的习惯清理方式不同，净菜的实际标准往往不同，甚至同一抱球方式的不同品种，其净菜率也有差异，如对外叶和叶球容易区分的合抱卵圆型品种和叠抱平头型品种，多为叶球作净菜重，得出的净菜率相差不会很大；而对于花心和直筒型品种来说，外叶和球叶难以严格区分，有的多带一二层护球叶，并将叶球顶端叶梢部分去掉，有的只去掉黄叶部分就算净菜，结果差异会很大。总体来说，对于净菜率差异的大小，直筒型和卵圆型品种较高，平头型品种较低；在同类型中，平头型的不同品种间差异较大，直筒型不同品种间差异居中，卵圆型不同品种间差异较小。

在鉴定品种的净菜时，要统一标准，同时还要确定合理的鉴定时期。一般鉴定在当地正常收获期进行，不管叶球是否已经充实，但对于准备作为亲本材料用的，应等到叶球充实后再进行鉴定，选取10~20株可以代表该品种大多数植株生长情况的植株，称量毛菜重，然后按统一的净菜标准处理毛菜后，称净菜重，以计算净菜率。

影响大白菜净菜率的因素很多，不仅与外叶多少、外叶净光和效能强弱、外叶有效功能期长短、结球开始期早晚和叶球发育长短等多种性状有关（而这些性状又受气候条件和肥水管理影响很大），还与结球率有关。结球率是品种结球性强弱和整齐度的综合表现，也影响着产量。但从育种实践中可以看到，品种净菜率的高低，受环境因素影响还是相对较小，这一特性还是比较稳定的，所以可以通过育种手段来提高品种的净菜率。

（2）单株重

大白菜的单株重即生物学产量，主要由外叶重和叶球重组成。随着蔬菜在温室中的种植，人们在冬季就能吃到各种新鲜蔬菜，不再像以前一样一到冬季就储存大量白菜，所以，现在的大白菜多以净菜上市。这里就主要说叶球重了。叶球重由球的叶片数和平均单叶重构成。根据平均单叶重和叶片多少可分为叶重型和叶数型，对于叶重型品种主要靠增加叶重量来增加球重，而叶数型品种主要靠增加叶片数来增加球重。据观察，叶重型品种软叶率普遍偏高，叶柄多偏厚；叶数型品种叶柄偏薄，软叶率偏低。拧抱直筒型品种软叶率普遍不高，叶柄厚度多介于叶数型和叶重型品种之间。叶球叶片数的多少与品种生长期长短、苗端花叶分化早晚及叶片分化速度有关，其中以花芽分化早晚影响最明显。构成叶球的叶片是由叶原始体长成的，而叶原始体是由植株的中央生长锥陆续分化产生的，一旦生长锥开始转向花芽分化后，叶数就不再增加了。因此，一般来讲，花芽分化越早叶数越少，花芽分化越晚叶数越多。平均单叶重与各球叶分化期的早晚、叶片生长期长短和叶片增重速度有关。

（3）单位面积株数

单位面积株数即种植密度，合理密植是提高大白菜产量和商品质量的重要措施。种植密度因品种、地力和气候条件而异。合理密植的指标以植株所占的营养面积等于或稍小于莲座叶丛垂直投影的分布面积为宜，合理密植时的单位面积株数主要由株幅决定，而株幅又受株态影响，株态另一方面直接影响叶片对光能的接收效率，从而影响植株对光能的利用效率。株态有平展、半直立和直立三种类型，对于偏直立的直筒型品种，单位面积可种植较多株数，对于偏半直立的卵圆型品种，株数适中，对于叶丛较大的平展型品种可种植较少株数。而对于同一品种，气候条件适宜、肥水条件好，密度可稍小；反之，密度宜稍大些。

2. ***丰产性与光能利用***

大白菜主要通过光合作用，将太阳能转化为生物产量，从生理角度看，生物产量（以干物质来计算）中有90%～95%是通过光合作用形成的，只有5%～10%是由根系吸收的矿物质所形成。因此，大白菜对太阳能利用率的高低直接影响其产量的形成。也就是对光能利用率越高，积累的同化产物越多，就越能达到丰产。所以，凡是影响光合作用的因素，都会影响产量的高低。

光合作用的大小，受光照强度和光照时间的影响很大。在一定的光照强度（光饱和点）范围内，随着光照强度的增加，光合作用相应增加，而达到光饱和点后，光合作用不再随光照强度的增加而增加。在叶面积和光照强度一定的条件下，光合作用所形成的干物质量随时间的增加而增加，而只有光照强度达到光补偿点以上，才有干物质的积累，即形成产量。大白菜光合补偿点约为25μmol/（m^2·s），饱和光强为950μmol/（m^2·s）。

大白菜对光能的利用，首先表现在叶面积对光能的利用上，在一定范围内，叶面积与产量形成的关系是呈正相关的，增加叶面积是增加产量的基本保证。大白菜的产品器官是叶球，它是大白菜“源器官”莲座叶同化产物积累的“库器官”。大白菜丰产的生理基础是建立在莲座叶的及时形成，且具有旺盛的同化能力和叶球的及时进入形成期，并具备较强的积累能力，实现“源”“库”器官生长及功能的协调一致上。

影响光合作用的因素既受内部因素，如叶龄，叶片的受光角度，叶的生长方向，植株的吸水力，物质生产、运转及储藏能力等的影响，又受外部因素，如光照的强弱、温度的高低、水分的供给、土壤养分及 CO_2 含量等的影响。

（二）品质构成及遗传

大白菜的品质包括产品器官的外观品质（即商品品质）、风味品质（又称感官品质）和营养品质。

1. 商品品质

商品品质主要是产品的色泽、大小、形状和群体的整齐度等能够进行外观评价的形态特征。对商品品质的要求，因食用与消费习惯的不同往往存在着地区性差异。

2. 风味品质

风味品质是指人们食用大白菜时，味觉和触觉的综合反映，它包括产品的香甜、硬度、脆度、致密性、韧性、弹性、纤维感、汁液的多少等。风味品质的要求往往因食用方法及膳食习性的不同而异。产品的风味是蔬菜中含有化学成分的种类、多少、组合方式和比例的综合特性，与品种的营养成分、特殊风味物质及组织结构有关。对大白菜感官品质起主要作用的因素是可溶性糖，其次是粗纤维，再次是可溶性蛋白质。可溶性糖和可溶性蛋白质对感官品质起正向作用，粗纤维对感官品质起负向作用。

3. 营养品质

营养品质是指大白菜的营养价值，主要决定于叶球的营养成分含量，同样也受有害成分含量及污染残留物的影响。各种维生素、矿物质及蛋白质、氨基酸、碳水化合物等成分构成了大白菜的营养品质。研究证实，营养品质性状多为数量性状，但近年的研究发现控制数量性状的基因在效应大小上存在较大差异。研究表明，维生素 C、有机酸、干物质及粗纤维含量符合加性-显性-母体效应（ADM）遗传模型；可溶性糖及氨基酸含量符合加性-显性（AD）遗传模型。可溶性糖与干物质含量呈显著正相关；维生素 C 与干物质含量呈显著正相关，与有机酸、粗纤维含量呈显著负相关。

（三）丰产与品种育种步骤

1. 确立丰产与优质统一的育种目标

在实践中，常存在着高产与优质不能兼顾的矛盾，所以要协调二者，达到统一。对于高产的品种，其品质中的商品性、营养及风味品质等，不应要求全具备，如品质性状方面有特色，适应消费者要求等，就是符合育种要求了。对于优质品种，单位面积产量较高，且表现稳产，单株产量可以适当下降。

2. 亲本系的选择和选育

（1）亲本的选择

双亲应尽量多地具备符合育种目标要求的优良性状，各自的不良性状最好能互补，且具有较强的抗病性和较广的适应性。

（2）亲本系的选育

从丰产方面考虑，要选择具有外叶少、外叶直立或偏直立的良好株形、结球性强的亲本为双亲，这是获得净菜率高、单位面积产量高的杂交组合的关键。同时要重视所获得的杂交组合在球叶抱合方式、球形、叶色等方面要符合市场消费习惯。从品质方面考虑，对于一些商品性状，如球形指数、株高、叶球高、叶长、叶宽等受基因加性效应控制，能够较稳定地遗传，在选育过程中只要进行连续选择就可得到遗传性稳定的系统。对于个别隐性性状，如球叶的橘红色须双亲均为橘红色。还有如叶色、叶柄色、叶柄厚薄等由数量性状控制的，也要求双亲最好都具有这些性状。对于营养品质，研究证实，其性状多为数量性状，有研究表明，大白菜的干物质、维生素 C、氨基酸三个品质性状的狭义遗传率较高，可在亲本系选育的早期世代选择；粗纤维、可溶性糖、有机酸等品质性状的狭义遗传力较低，宜在亲本系选育的较高世代进行选择。

（3）提高亲本系的配合力

轮回选择法是一种在育成亲本系之前用于提高亲本品种群体内有利基因频率的方法，是改进亲本系、提高其配合力的有效可行的方法。

二、生态和熟性育种

随着人们生活水平的提高，大白菜秋播冬收、冬春供应的传统习惯，已不能满足广大消费者的需求。由于蔬菜种植技术的发展，使多季栽培、周年供应、新鲜上市成为可能，这就要求育种者要选育出适合于不同季节、不同地区且生长期不同、适应性又强的品种。

（一）春夏耐抽薹品种

春、夏播大白菜品种必须选择耐抽薹、冬性强、耐低温、生长期短的品种。由于其生长期的气温先低后高，明显异于大白菜长期进化中先高后低的气候变化，前期由于受低温影响，植株会通过春化而先期抽薹；后期则易因高温，导致叶球松散，品质、产量降低。一般直播生长期 60~80d，能抗软腐病、霜霉病及病毒病等。单株重 2~3 kg，球叶偏黄色，耐运输。中等球高，上下等粗，便于包装运输。

（二）夏秋早熟、耐热品种

早熟、耐热大白菜是一种反季节栽培的蔬菜，生长期不超过60d，单株重1~2 kg，要求能在均温25℃以上时正常结球，能耐32℃以上高温天气。较理想的株形为上下等粗、较直立的中桩叠抱类型，部分地区如福建喜欢球形等。叶色以白色、浅黄色居多。由于夏季气候特点不利于大白菜的生长，如遇雨水较多和雨季到来较早的年份，在湿热条件下，软腐病及其他病害很容易发生，因此，选用的品种必须具有较好的抗病性。

（三）冬储品种

夏末播种，初冬收获。主要用于冬储，对品种的抗病性、适应性、稳产性、耐储性和风味品质等都有较高的要求。莲座叶绿色，偏深绿色、绿色、叶柄白色或浅绿色，球叶合抱、叠抱、拧抱、褶抱，叶球卵圆形、平头形、圆筒形、直筒形等，球顶舒心、尖或平，球叶绿色、浅绿色、白色、浅黄色、橘红色等。中熟品种生长期70~80d，单株重4~5 kg。中晚熟品种，生长期80~90d，单株重5~6 kg。鉴于为获得稳产，适期晚播以避病的目的，生产中多选育生长期稍短的品种。

（四）耐抽薹性育种方法

日本和韩国在大白菜晚抽薹育种方面起步较早，虽然其大白菜资源引自中国，但在育种和栽培上得到了充分的发展，育成了一大批商品品质优异的品种。特别是一系列春大白菜品种，占据了国内春大白菜市场。相比之下，国内起步较晚，材料缺乏，亟须创造一批耐抽薹的大白菜材料。首先要搜集耐抽薹材料，从现有的材料中筛选或通过品种间杂交转育获得，或引进日、韩 F_1 品种，然后通过分离筛选获得。由于国内耐抽薹资源缺乏，目前，主要靠从日、韩春大白菜品种中引种进行自交分离筛选晚抽薹材料，所以，晚抽薹基因狭窄。因此，亟须开展不同生态型间的晚抽薹转育，或将远缘物种的晚抽薹基因导入大白菜中，以拓宽遗传变异范围。目前，市场上的晚抽薹品种都是杂种一代。由于晚抽薹为多基因控制的数量性状，且晚抽薹基因呈隐性，晚抽薹材料和早抽薹材料杂交，F_1 的抽薹性表现为中间偏早，因此，双亲须同时具备晚抽薹基因，才能育成晚抽薹性强的品种。由于我们从日、韩引进的春大白菜品种绝大多数抗病毒病能力差，难以通过自交分离直接利用，而国内品种虽抗病但晚抽薹性弱，因此，在进行大白菜晚抽薹育种的同时面临着晚抽薹转育与抗病性筛选的双重困难。解决这一问题的有效途径是把外引品种的晚抽薹性状转育到抗病材料上，或通过杂交、回交提高晚抽薹材料的抗病性。在大白菜晚抽薹育种中，需要严格的低温春化条件来评价抽薹性，如不进行人工加代，春大白菜当年繁殖，次年才能评价，因此转育周期长，选择效率低。若对晚抽薹性进行分子标记，不仅可以从分子水平诠释性状遗传规律，而且可以实现苗期分子水平辅助选择，提高育种选择效率，并为进一步开展基因克隆奠定基础。

（五）冬储品种的优势育种

1. 广泛收集育种材料

育种从生态方面考虑要广泛收集不同纬度、不同生态型材料。从熟性方面考虑，要注意收集不同生长期、不同结球方式、不同叶球形状的材料。

2. 育成的品种具有较强的适应性和耐储性

育成的品种具有较强的适应性和耐储性，能在国内大部分地区推广种植，所以在育种过程中，可将试配的组合拿到国内多地试种或模拟多地生态条件，进行鉴定选择。

3. 对多种病害具有抗性

冬储品种对多种病害的抗性水平是能否实现稳产的基础，因此，要注意对育种材料的抗病性鉴定和抗源材料的筛选，特别是一些多抗材料的筛选收集。

4. 选育结球性强，能适期晚播的品种

大白菜的熟性由多性状构成，每一性状又常为多基因控制，遗传性复杂，据观察 F_1 多表现为双亲的中间型。为了获得稳产，最好选育结球性强、能适期晚播的品种，以避过病害。

第五章　设施环境调控技术

第一节　温度调控

一、气温调控

（一）冬季增温

1. 保温被的选择与使用

（1）保温被种类

①针刺毡保温被。针刺毡是用旧碎线（布）等材料经一定处理后重新压制而成的，造价低，保温性能好。针刺毡保温被自身重量较复合型保温被重，防风性能和保温性能较好。但由于针刺毡、毛毯下脚料材料的纤维强度很弱，而机械卷铺的拉力又很大，很容易产生滚包现象，使保温被的保温性能显著下降并且防水性较差。但是如果表面用防雨布，就可以改造成防雨保温被。要注意的是，这种保温被在收放保存之前，要晾晒干燥保存。

②复合型保温被。这种保温被采用 2 mm 厚蜂窝塑料薄膜 2 层、无纺布 2 层，外加化纤布缝合制成。它具有重量轻、保温性能好的优点，适于机械卷放。它的缺点是里面的蜂窝塑料薄膜和无纺布经机械卷放碾压后容易破碎。

③腈纶棉保温被。这种保温被采用腈纶棉、太空棉做防寒的主要材料，用无纺布作面料，缝合制成。腈纶棉具有类似羊毛织物的柔软、蓬松手感，且耐光性能、抗菌能力和防虫蛀的优点也特别突出。在保温性能上可满足要求，但其防水性以及结实耐用性差。无纺布几经机械卷放碾压，会很快破损。另外，因它是采用缝合方法制成，雨（雪）水会从针眼渗到里面不易干燥。

④棉毡保温被。这种保温被以棉毡作防寒的主要材料，两面覆上防水牛皮纸，保温性能与针刺毡保温被相似。由于牛皮纸价格低廉，因此这种保温被价格相对较低，但其使用寿命较短。

⑤泡沫保温被。这种保温被采用微孔泡沫作主料，上下两面采用化纤布作面料。主料

具有质轻、柔软、保温、防水、耐化学腐蚀和耐老化的特性，经加工处理后的保温被不但保温性持久，而且防水性极好，容易保存，具有较好的耐久性。它的缺点是自身重量太轻，要解决好防风的问题。必须配置压被线才能保证在刮风时保温被不被掀起。

⑥防火保温被。防火绝热保温被，在毛毡的上下两面分别黏合了防火布和铝箔构成。还可以在毛毡和防火布中间黏合聚乙烯泡沫层。其优点是设计合理、结构简单，防水、防火，保温性、抗拉性良好，可机械化传动操作，省工省力，使用周期长。

⑦羊毛大棚保温被。100%羊毛大棚保温被具有质轻、防水、防老化、保温隔热等功能，使用寿命更长，保温效果最好。羊毛沥水，有着良好的自然卷曲度，能长久保持蓬松，在保温上当属第一。

（2）保温被的挑选

①闻。优质的大棚保温被闻起来没有异味，有异味的大棚保温被可能是存放时间太长造成。

②将大棚保温被的保温材料放入水中，看其是否吸水。如果不吸水，则证明其渗入水后会迅速将水流出，防水性能更好，反之则不好。

③优质的大棚保温被表面摸起来是柔软的，用指甲划过时只会有摩擦的感觉，但不会出现线头。

④选择知名度高、信誉好的保温被厂家。

⑤根据当地的气候特征，如多雨应选择防水性能较好的保温被，多风则应选择质量较重的保温被，对于寒冷地区，应选择厚度大、保温性能较好的保温被。

（3）保温被的正确使用方法

①在保温被的使用过程中，如果发生卷偏的情况，一定要及时进行调整，确保全面、平整覆盖大棚；保温被上好后，要用连接绳将被子搭接处连成一体。

②保温被覆盖大棚之后，尤其要做好防风措施，用沙袋压严，防止被风吹起而出现降低保温效果等现象。

③在雨雪天气中，一定要及时清理积雪，将保温被摊开晾干后再卷起来。

④在第二年卸棚时，要选择晴天将保温被覆盖在大棚上晾晒一天，之后翻过来再晾晒一天，等到保温被完全干燥后再存放。

2. 卷帘机安装与使用

（1）卷帘机的选择

①牵引式卷帘机。牵引式卷帘机安装在温室后屋面上或温室的后墙上，屋面须是水泥砂浆抹面，后墙是砖砌墙体且高度接近屋脊，温室前屋面与顶部要有一定的坡度，顶部的

坡度不得小于 10°。牵引式卷帘机优点是牵引轴所受扭矩较小，牵引轴不易扭断，可用于长度为 100 m 以上的温室。其缺点是要求传动轴安装精度和传动轴同轴度较高，对温室自身规格要求也高。

②侧置摆杆式卷帘机。一般安装在操作间，安装结构简单。侧置摆杆式卷帘机由于是一侧单边传动，常表现为动力不足，受力不均衡，运转不平稳，常会出现运转时卷帘轴不平直，卷帘轴整体向另一侧偏移。

③双悬臂式卷帘机。双悬臂式卷帘机是将电机减速机置于卷帘轴的中央，减速机输出轴为双头，通过法兰盘分别与卷帘轴相连。双悬臂式卷帘机置于温室中央，双轴两边传动，受力平衡。与相同机型侧置摆杆式卷帘机相比，双悬臂式适用卷铺草帘等厚重覆盖材料，适用于长度为 100 m 内的温室，对温室自身结构要求不高，是目前应用最广泛的一种。

一般情况下，温室大棚长度小于 60 m 时，选择功率小于 1.5 kW、转数 1500 r/ min 左右的电动机，电动机转速与减速机输出转速的比例控制在 1000∶1 左右，减速机输出轴扭矩控制在 3000~4000 N · m。当温室大棚的长度大于 60 m 时，只考虑适当增大电动机功率和减速机输出轴扭矩即可，其他选择原则不变。

（2）卷帘机的安装

①放绳。以铺好膜的温棚边墙为起点，将拉绳一端固定在后墙上，按间隔 1 m 或 1.5 m 等距离放绳由上至下沿棚面放至地面，各绳之间保持平行。

②固定主机。焊接主机的各连接活动节、法兰盘、卷轴；将主机与电机连接；主机输出端靠向大棚方向，电机端指向棚外；连接好后放在大棚的中间。

③安放支架。在棚前正中位置，距大棚 1.5~2.0 m 处挖一长约 2m（与温室长度方向平行）、宽约 0.3 cm 的坑，埋设地桩，打紧压实（地面只留铰合接头），然后将悬臂和立杆用销轴连接好。立杆通过销轴一端与地桩铰接，另一端与悬臂铰接，悬臂的另一端与卷帘机焊接。

④卷杆连接。在温室长度方向安装与保温被及棚长相应规格的卷帘杆，卷帘轴材料为国标焊接或法兰连接。卷帘杆一端通过法兰用螺栓连接卷帘机，另一端与其他卷帘杆依次连接。

⑤铺放保温被。将保温被垂直平铺在大棚上，并以此向温室另一边逐步铺设，保温被之间有 0.2 m 左右的搭茬，用尼龙绳连接，以便保温。保温被全部放好后，将其整理整齐，然后在卷帘杆上绕一圈，并用卡箍固定在卷帘杆上。

⑥电源安放。电源装置建议安装于耳房内，严禁露天安装，以防风吹雨淋。

⑦试机，打开倒顺开关。卷帘机运行，若卷起或下铺过程中卷帘杆产生整体弯曲，可

在位置较低处垫以适量软物，以调节卷速，直至卷帘杆保持整体水平。

（3）卷帘机的调试

安装结束后要经常检查主机及各连接处螺丝是否松动，焊接处有无断裂、开焊等，各部位检查无误，安全可靠后进行运行调试工作。第一次送电运行，使保温被上卷 1m 左右后，退回到初始位置，目的一是促使保温被卷实，二是对机器进行中度磨合。第二次送电前应检查机器部分是否有明显升温，若升温不超过环境温度 40℃，且未发现机器有异声、异味，机器可继续试验。最后，观察保温被卷起是否齐整、平直，是否有跑偏现象，若发现有上述现象，应继续调整，直到符合使用要求为止。

（4）卷帘机的维护保养

①作业期保养。首次使用前先往机体内注入机油 1.5~2.0 kg，以后每年更换一次。卷帘机作业前和使用期间，要检查供电线路控制开关，看开关是否漏电。如发现线路老化、开关漏电等问题，要及时维修或更换。

②非作业期保养及存放。对卷帘机进行一次全面维护保养，然后在干燥通风的环境下存放备用。存放期间，经常检查维护各部件，防止生锈。再次使用前，应全面检查卷帘机状态，重新更换机体内润滑油。

3. 棚温提升技术

（1）增加后墙的保温性

建筑后墙时可在土墙上贴一层砖，或建空心保温墙，墙内充填秸秆或聚苯泡沫，效果也很好，严寒地区可直接建造成火墙，便于提温。

（2）棚外挖防寒沟

在大棚外挖深 40~60 cm、宽 40~50 cm 的防寒沟，填入泡沫板等保温材料，踏实后用土封沟，以达到保温效果。寒流临近时，夜间在棚四周加围草帘或玉米秸，可提高棚温 2~3℃；也可在大棚四周熏烟，防止大棚四周热量的散失。

（3）增加日光温室覆盖膜的透光性

①选用透光率高的农膜，最好使用聚氯乙烯无滴膜，这种膜透光性好，透光率达 60%，一般的聚乙烯膜透光率不到 50%。

②采用高透光无滴日光温室覆盖膜，及时清扫覆盖膜上沉积的灰尘、积雪等杂物，可有效地增加光照，提高室内温度。

③由于冬季内外温差大，日光温室覆盖膜上附着一层水滴，严重影响膜的透光度，降低了室内温度。在购买棚模时尽量采用透光率高、耐久性好的无滴膜。

（4）悬挂反光幕

在温室栽培畦北侧或靠后墙部位上悬挂反光幕（涂有金属层的塑料膜或锡纸），每隔2~3 m悬挂1 m反光幕，使其与地面保持75°~85°角为宜。

（5）多层覆盖保温

①提高保温被的保温性。大棚上覆盖的保温被应紧实，为提高保温性能，可在保温被上加盖一层普通农膜或往年的旧薄膜。

②日光温室内覆盖地膜和架设拱棚，日光温室内一般采用大垄双行栽培。定植前或后覆盖地膜，可提高地温2~3℃。严冬季节可再架设小拱棚，以提高温度，保证作物安全度过最低温度时期。

（6）电灯补光增温

温室大棚内安装钠灯，阴天早晚开灯给蔬菜补光3~4 h，不仅增温，还可提高产量10%~40%，缩短生长期17~21 d。

（7）临时性加温

设立临时加温措施以及时缓解寒流、霜冻等气象灾害，以及阴天光照弱对日光温室植物正常生长的影响。在日光温室内临时设置2~3个功率为1600~2500 W浴室暖风机，暖风机出口方向不要直接对着植物，可斜对北墙；也可在日光温室内利用炭火盆或煤球炉，以提高温室内温度。临时加温时要注意防止二氧化碳中毒。温室大棚应先通风，后进人。有条件的可在地面铺设电阻丝来提高温室大棚内的地温和气温或应用日光温室高效节能增温炉，也可在日光温室内安装暖气或每隔5 m装配200 W白炽灯一个，可起到较好的增温补光作用。

（8）科学揭盖草苫

北方冬季气候寒冷温差较大的地区，一般情况下当早晨阳光洒满整个前屋面时即可揭苫，下午晚盖苫，盖苫后气温应在短时间内回升2~3℃，然后缓慢下降，盖苫时间约在太阳落山前1 h。在极端寒冷或大风天要晚揭早盖，阴天要视室内温度来决定覆盖物揭开多长时间，切记即使下雪或阴天，白天也要揭苫，保持一定时间的光照。

（9）利用秸秆生物反应堆来增加室内温度

按照栽培畦的大小挖宽60~70 cm、深25~30 cm的沟，内填秸秆，并放置专用微生物菌剂120kg/hm^2，秸秆上面覆土约20 cm厚，灌水至浸透秸秆。

（二）夏季降温

1. 遮阳网

（1）遮阳网的作用

①防虫、防病毒病。覆盖遮阳网将害虫和蔬菜隔离，基本上能免除菜青虫、甘蓝夜蛾、蚂蚁、白粉虱等多种害虫为害，从而防止传毒媒介传播病毒病的发生。病虫害感染率降低 54%~60%。

②降温、保温。由于高温干旱，出苗受影响，覆盖遮阳网可降低棚内温度，减少蒸发，保持土壤湿润，使蔬菜的出苗率提高 20%~30%，并使蔬菜品质提高，且能够使蔬菜提前或延后上市。

③防风、防暴雨。对于露地栽培，夏季覆盖可以预防暴风雨对蔬菜造成伤害，发生倒苗现象。秋冬及春末覆盖，可起到防霜冻、保温的作用。

④防止光照过强灼伤苗子。炎热的夏季，强光直射使苗子灼伤。覆盖遮阳网使光照度减弱 40%~50%，避免灼伤现象发生。

（2）遮阳网颜色的选择

常用的遮阳网有黑色、银灰色、蓝色、黄色、绿色等多种。以黑色、银灰色两种在蔬菜覆盖栽培上用得最普遍。黑色遮阳网通过遮光而降温。采用黑色遮阳网覆盖，光照度可降低 60%左右。黑色遮阳网的遮光降温效果比银灰色遮阳网好，一般用于伏暑高温季节和对光照要求较低、病毒病危害较轻的作物，如伏季的小白菜、娃娃菜、大白菜、芹菜、芫荽、菠菜等绿叶蔬菜的覆盖栽培。银灰色遮阳网覆盖，光照度降低 30%左右，较黑色遮阳网透光性好，且有避蚜作用，一般用于初夏早秋季节和对光照要求较高、易感染病毒病的作物，如萝卜、番茄、辣椒等蔬菜的覆盖栽培。用于冬春防冻覆盖的，黑色、银灰色遮阳网均可，但银灰色遮阳网比黑色遮阳网效果好。

（3）选用适宜遮阳网覆盖栽培的蔬菜品种

在夏、秋季节生产的蔬菜中，常常将春夏菜，如番茄、茄子、豇豆、菜豆和黄瓜等，延迟到夏季用遮阳网覆盖栽培；将秋冬蔬菜，如甘蓝（莲花白）、花椰菜、大白菜、莴笋、芹菜等，提早育苗在早秋栽培。栽培中应选择品质好、早熟、耐热、适应性广、抗病能力强、生长势强、商品性好、丰产稳产高产的品种，对于果菜类还要考虑其坐果率高低、果实大小等因素。

（4）加强遮阳网的揭盖管理

覆盖遮阳网的目的是遮强光、降低棚温。若光照度弱、温度低，不宜长时间覆盖。遮阳网揭盖应根据天气情况和蔬菜不同生育期对光照度和温度的要求，灵活掌握。一般晴天盖，阴天揭；中午盖，早晚揭；生长前期盖，生长后期揭。如果阴雨天气较多，温度不是很高，在蔬菜定植后 3~5 d 的缓苗期内覆盖遮阳网即可；若使用黑色遮阳网应仅在晴天中午覆盖，同时可喷水或灌水以降低温室大棚内温度。若覆盖时间过长，会影响蔬菜的光合作用，不利于蔬菜的正常生长。另外，还可喷洒 0.1%硫酸锌或硫酸铜溶液，以提高植株的抗热性，增强抗裂果、抗日灼的能力。

2. 微喷灌

微喷灌基本原理与喷灌相同，只是水压、流量、水滴都比喷灌微小，故称为微喷灌，相对而言，是给作物“下毛毛雨”。主要应用对象是蔬菜、花卉、草坪草或大棚内作物。一个喷微头，喷洒面积仅几平方米，可以实现局部灌溉，所以比喷灌更节水，比沟灌节水 50%~70%。但是微喷头出水口直径仅 1 mm 左右，所以对水质的要求高。

（1）如何选择微喷灌

①微喷带使用成本的降低，主要通过增大灌溉面积和延长使用年限实现。移动式和半固定式微喷带灌溉是增大微喷带灌溉面积的主要灌溉方式，固定式微喷带灌溉通过长期使用提高系统的经济性。

②移动式微喷带灌溉操作简单，但劳动强度大，适用于小面积灌溉。

③半固定式微喷带灌溉系统操作性和经济性介于移动式和固定式之间，适宜中等面积地块灌溉。

④固定式微喷带灌溉方便管理，适用于大面积节水灌溉工程，有利于工程的长效发挥。

（2）微喷带使用注意事项

①在铺设微喷带前，要先用药物杀死土壤中的害虫（如蝼蛄等），以防它们为害作物，咬破微喷带。

②铺设时，把微喷带尾部封堵，洞孔朝上，再用水泵吸水挤压。进水口用纱布（滤网）包好使水能够过滤以防止洞孔堵塞。如遇堵塞，可将尾头解开，用清水冲洗 1 min 即可，也可用手和其他工具轻轻拍打管壁。

③在第一次使用时，根据水泵压力、微喷带的工作长度，考虑打开几个开关。最好多开几个开关，防止压力过大造成微喷带爆破，如果压力不够关掉几个开关即可。这样可知道下一次使用时打开多少开关。如果某一片试好水后，换下一片时先打开开关，再关掉试好的那一片所有的开关，以防止使用不当造成爆破。

④在换茬时，打开微喷带，用水泵抽水挤压，洗净，卷好，存放在阴凉处，防止曝晒

和老鼠及其他东西咬破，以备下次再用。

二、地温调控

（一）传统地温提升技术

传统地温常见的提升技术主要包括以下几个方面：

1. **高垄栽培，地膜覆盖**。

在温室大棚内进行高垄栽培可增加土壤的表面积，有利于多吸收热量，提高地温。覆盖地膜可提高地温 1~3℃，又可增加近地光照。

2. **挖防寒沟**。

为减少室内外土壤热量的交换，应在温室前缘挖防寒沟。防寒沟的深度为当地冻土层的厚度，宽相当于冻土层厚度的一半，在沟内填入杂草等隔热材料，覆上塑料薄膜和土。

3. **增施有机肥**。

在温室大棚内增施有机肥，当有机肥分解后，其释放出的生物热可提高地温。同时，土壤有机物的增加也可提高土壤的吸热保温能力。

4. **保持土壤湿度**。

土壤含水多呈暗色，可以提高土壤的吸热能力。水的热容量大，也可增加土壤的保温能力。

5. **提早扣棚**。

提早扣棚盖膜，可增加土壤的热量储存。

6. **地下加温**。

利用电热加温线、酿热物温床、地下热水管通道等设备进行土壤加热是提高地温的有效措施，但是成本高。

（二）现代地温提升技术

1. **灌溉水加温技术**

灌溉水温的变化会引起土壤水热条件的改变，从而影响作物生长、养分吸收和产量。试验结果表明，灌溉水温 30~35℃时，土壤温度可基本控制在 20℃左右。利用太阳能热水器和电热水器提供热水，灌水过程中将热水和地下水在水箱内混掺，并根据实时监测的水温调整混掺比例，以使灌溉水温保持在设定范围内。各种传统灌溉方法在为作物提供水分的同时也因灌溉水温度过低，会使作物产生呼吸作用等生理障碍，影响作物的水分与养分吸收，从而影响提高作物产量和质量的潜能。而加温灌溉能从根本上解决冬季温室温度过低而又要灌溉的矛盾，并且还能优化根系的分布，更大限度地提高作物的产量与质量。灌溉水加温技术是目前一种新型的冬季地温提升技术。

2. 生物升温技术

生物升温技术是利用生物工程技术，将农作物秸秆、畜禽粪便等转化为作物所需要的有机及无机营养，释放热量，提高地温及棚温，并释放二氧化碳，同时产生相应生物防病抗病效应，最终获得高产、优质、无公害农产品。操作步骤如下：

①开沟。整地施肥以后，在要起垄的地方挖宽 0.4 m、深 0.3 m 的下料沟。

②铺秆。将玉米秸秆均匀放入沟内，厚度以高出沟沿 10 cm 为准，沟两端秸秆各出槽 10 cm，以便于灌水。

③撒菌。用 2%尿素水溶液喷施表面秸秆（或用 10%农家肥代替），然后按照 1 kg 大棚升温剂拌 10 kg 米糠或麦麸的比例混拌均匀，撒施在秸秆上。

④覆土。将原来开沟挖出的土回盖到秸秆上，厚 10～15 cm。然后覆膜，防止水分蒸发。

⑤灌水。顺地势较高的一方灌水入沟，秸秆吸水饱和，覆土有水洇湿为止。

⑥打孔。发酵约 3 d 后，用直径 3 cm 的钢筋在发酵堆上打孔，孔距 20 cm，斜向穿透秸秆层，利于通气，释放二氧化碳。15 d 后进行播种或定植，其他种植管理照常规进行。

利用秸秆生物反应堆能产生四大效应，能有效改善作物饥饿状况，提高作物抗病虫害能力，促进作物增产，改善作物产品品质等。其具体效应：①二氧化碳效应。通过秸秆生物反应堆技术，能使一定面积大棚内的二氧化碳浓度提高 4～6 倍，增加光合效率 50%以上；减少蒸腾作用，提高水分利用率 75%～300%。②温度效应。防止土地冻结，可提高 20 cm 地温 4～6℃，促进果蔬、农作物提前发芽、开花、结果，延长生育期 30d 左右。③生物防治效应。可有效减少农药用量 60%以上，甚至可以完全不用药，无公害效应显著。④有机改良土壤和替代化肥效应。利用秸秆生物反应堆，能显著提高土壤有机质和腐殖质含量，改善微生物区系、团粒结构、通气性，提高保肥保水能力，显著减少化肥使用量。长期运用，可以不施化肥。

3. 湿帘风机

湿帘风机降温系统是大型连栋温室中广泛使用的一种降温措施，是利用水蒸发吸热的原理，将湿帘安装在温室的一侧，风机安装在温室湿帘的对面一侧，当需要降温时，风机启动，将温室内的高温空气强制抽出，造成温室内的负压；同时，水泵将水打在湿帘表面，室外热空气被风机形成的负压吸入室内时，以一定的速度从湿帘的孔隙中穿过，导致湿帘表面水分蒸发而吸收通过湿帘空气的热量，使之降温后进入温室，冷空气流经温室，再吸收室内热量后，经风机排出，从而达到温室降温目的。湿帘风机系统设计安装中要求湿帘和风机分别安装在温室不同的位置，且相互之间的距离尽量保持在30~50 m。

第二节 光照调控

一、冬季蔬菜生产补光技术

光照不仅是绿色植物光合作用的能量来源，也是日光温室的热量来源，而且还决定着温室内湿度、温度等的变化，是温室内环境的主导因子。中国的节能型日光温室，因光照是其获取能量的唯一来源，从而影响着温室中作物的生长发育以及经济产量。冬季光照度弱、日照时数不足成为设施栽培中的主要限制因子，因此人工补光成为设施栽培中一项必不可少的技术。

（一）人工补光

为促进光合作用和生长发育的人工照明称为人工补光。对于大多数果菜类蔬菜，冬季温室的光照一般都达不到光饱和点，补光能够提高温室蔬菜的光合效率。试验证明，用各种灯光对番茄、黄瓜、茄子、莴苣等进行补光，均能取得明显效果，经人工补光的蔬菜产量一般可提高10%~30%。也有的试验表明，补光照射虽然对总产量影响不大，但前期产量可以增加，可显著提高经济效益。

（二）使用透光好的塑料棚膜

如采用涂覆型EVA无滴消雾棚膜，能消除或减轻温室内的雾气，达到无雾或轻雾的效果，增加棚膜的透光性。研究指出涂覆型EVA无滴消雾棚膜比传统内添加EVA棚膜和PVC棚膜的透光性、保温性、紫外线透过率都要高，而且可以提高番茄的品质和产量。

（三）张挂反光幕

张挂反光幕也可补充温室内后墙附近的光照度，缩小温室内南北方向上光照度的差异，有效改善温室内整体的光环境，提高蔬菜产量。有学者研究了其在高寒地区的应用效果，结果表明镀铝聚酯膜反光幕可以解决高寒地区日光温室冬春季蔬菜生产中存在的低温、弱光等问题，而且蔬菜增产增收效果显著。铺反光地膜也可以增加光照度，影响植物的光合速率。

（四）早揭晚盖帘

研究认为，在初冬和晴天，适当早揭晚盖帘能延长日照时间，改善作物的生长环境。

（五）合理整枝打叶

及时整枝、打杈，打掉老叶、病叶、死叶，对改善棚内光照条件，提高蔬菜产量也有明显作用。

冬季温度低，光照弱并且时间短，做好增温补光工作对温室内蔬菜品质和产量有积极的影响，所以在成本允许的条件下，尽可能使用先进的补光灯补光，对提高蔬菜的整体品质和农民的经济效益都有显著的影响。

二、夏季蔬菜生产遮阳技术

遮阳网有不同的颜色，且降低太阳辐射的效果各有不同。黑色遮阳网通过遮光而降温，在达到有限降温的同时，使棚内失去了很大一部分光合作用所需的阳光而对蔬菜无益。采用黑色遮阳网覆盖，光照度可降低 60%左右；银灰色遮阳网覆盖，光照度降低 30%左右。蔬菜生产中多用黑色和银灰色遮阳网，黑色遮阳网遮光效果好于银灰色遮阳网，但对光照度要求高的番茄、青花菜和黄瓜等蔬菜来说，会影响其正常生长。刘玉梅研究了新型白色遮阳网对番茄育苗环境及幼苗生长的影响，结果表明随着遮阳网遮光率的降低，网室内光量子通量密度（PED）、气温、5 cm 和 10 cm 地温均呈升高趋势。遮光率 50%的黑色遮阳网和白色遮阳网的透射光谱明显不同，黑色遮阳网对紫外线的透过率较高，对可见光和红外线的透过率差别不大；而白色遮阳网对紫外线和部分红外线的透过率明显低于可见光。综合来看，夏季番茄育苗宜根据实际情况选择遮光率 20%～40%的遮阳网，其中遮光率 20%的白色遮阳网效果较好。

在蔬菜栽培中，常常要遮光抑制气温、地温和叶温的上升，以达到保护蔬菜生长、提高品质的目的。另外为了形成短日照环境，也要遮光。因此，遮光包括光强调节和光周期调节两种。盛夏季节的强光和高温会影响蔬菜生长，要进行遮光减弱光强。

第三节　湿度调控

一、冬季蔬菜生产降湿技术

对于大多数温室蔬菜来说，最佳的相对湿度为50%~80%。然而，在封闭的温室中，由于灌溉和蔬菜的蒸腾作用，相对湿度很容易达到90%以上，甚至100%。过高的空气湿度会对温室生产造成很大的障碍，对蔬菜生长、发育产生很多负面影响：第一，为病原物提供适宜的侵染和蔓延环境，使蔬菜发病机会增大，病害的蔓延速度加快。如茄子黄萎病、番茄灰霉病、黄瓜霜霉病等发病情况都与空气湿度过大密切相关。第二，蔬菜蒸腾受阻，根部被动吸水受限制，对矿质养分的吸收量下降。空气的相对湿度过大，蔬菜叶片水势增高，使电导率降低，根压加大，对蔬菜的蒸腾速率产生直接的影响，从而影响蔬菜对水分和矿物质养分的吸收。第三，蔬菜叶面积指数减少，叶片生长率、干物质积累也随之减少。生理缺元素症状明显，特别是缺钙、缺镁症明显。第四，影响了蔬菜气孔度，使光合作用的速率下降。常用除湿方法：

（一）选用无滴膜

选用无滴膜可以减少薄膜表面的聚水量，并有利于透光、增温。使用EVA膜可减少自然光的损失，提高棚内清晰度，降低空气的相对湿度。对普通薄膜表面喷涂除滴剂，或定期向薄膜表面喷撒奶粉、豆粉等，也可以减少薄膜表面的聚水量。

（二）覆盖地膜

覆盖地膜一般可使10 cm处地温平均提高2~3℃，地面最低气温提高1℃左右。覆盖地膜还可降低地面水分蒸发，且可以减少灌水次数，从而降低棚内空气湿度。在棚室内可采用大小行距相间、地膜覆盖双行的方法，浇水时沿着地膜下的小垄沟流入。

（三）采用滴灌或渗灌

滴灌、渗灌在温室内使用，除了省水、省工、省药、防止土壤板结和使地温下降外，更重要的是可以有效地降低因浇水而造成的空气湿度显著增加。因采用这种灌水法的灌水量较小，土壤湿润面积也小，可使相对湿度降低10%以上。

（四）起垄栽培

采用起垄栽培，高垄表面积大，白天接受光照多，从空气中吸收的热量也多，因而升温快，土壤水分蒸发快，棚室内湿度不容易超标。

（五）烟雾法及粉尘法施药

棚室内必须施药时，若用常规的喷雾法用药，会增加棚室内湿度，这对防治病害不利。而采用粉尘法及烟雾法用药，除湿效果就很明显。烟雾法可选用特克多、百菌清、速克灵、灭蝇灵、异丙威、一熏灵等烟雾剂，均匀摆放于棚室，日落后从里到外按顺序用暗火逐一点燃，全部点燃后密封棚室；粉尘法可选用防霉灵、百菌清、得益等粉尘剂，喷粉前密闭大棚，喷药时间最好选在早晨或傍晚。

（六）升温后通风除湿

采用这种方法既可满足棚室蔬菜对温度的要求，又可以降低空气湿度。即在不伤害蔬菜的前提下，应尽量提高温度（如黄瓜可让温度上升到32℃），随着温度上升，湿度就会逐渐下降，当温度上升到蔬菜所需适宜温度的最高值时，开始放风。一天之内通风排湿效果最好的时间是中午。另外，还要注意在浇水后2~3 d、叶面喷肥（药）后1~2 d、阴雨雪天或日落前后加强通风排湿。

（七）中耕散湿

利用晴天棚室温度较高时，浅锄地表，加快表土水分蒸发，同时又切断了土壤毛细孔，阻止深层水分的上移而降湿。并结合中耕在行间撒施草木灰或细秸秆、干细土，具有人工吸湿的作用。

（八）张挂反光幕

张挂反光幕不但可以增加光照度，而且可以提高地温和气温2℃左右。因相对湿度随温度的上升而降低，所以张挂反光幕也具有一定的除湿效果。

（九）自然吸湿

将稻草、麦秸、生石灰等材料放于行间吸附潮气，也可以达到降湿防病的目的。

二、夏季蔬菜生产增湿技术

在干旱地区的春、夏、秋季节，有时空气相对湿度过小，要进行人工增湿。

（一）地面灌水增湿

在干旱地区高温季节，采用灌溉增湿的主要方法是“少食多餐”的灌溉方式。即每次灌溉量要少，但要勤灌，同时尽量使地表全部湿润，促进地表蒸发。

（二）喷雾增湿

目前生产上有专门温室用加湿机。这种机器系统由主机、喷雾系统、高压水管路系统、检测控制系统四部分组成。主机通过控制系统按设定的温湿度进行自动控制，检测的湿度和温度显示在主机显示屏上。设备可供多个区域或多个点不同的工艺要求而设置不同的温湿度，实现多点控制一体化。喷头采用组合式分布，可在任意点安装，喷洒雾化效果好，雾粒分布均匀，漂移损失少。机器的工作原理是利用高压泵将水加压，经高压管路至高压喷嘴雾化，形成飘飞的雨丝，雨丝快速蒸发，从而达到增加空气湿度、降低环境温度和去除灰尘等多重目的。

（三）雾化增湿

按雾化和喷洒方式的不同，喷雾机可以分为液力式、气力式和离心式。按雾滴直径大小，喷雾可分为常量喷雾、弥雾和超低量喷雾。喷雾机在农业上主要用于喷洒农药防治作物病虫害，喷洒除草剂、脱叶剂以利机械收获，喷洒植物生长调节剂以增加结果量或防止果实早落，还可对农作物叶部喷施营养剂等。对多数食用菌品种，当气温升高、空气湿度低时可以采用喷雾增湿。但如果过量喷水，尤其是把水喷于菇体上，会引起子实体黄化萎缩，严重时还会感染细菌，引起腐烂死亡，降低子实体产量和质量。生产上常用细喷常喷方法补湿，也可喷水前用报纸或地膜盖住子实体，喷水结束后，拿掉覆盖物，可减少喷水造成的不良影响。

（四）加热蒸发增湿

加热蒸发增湿是利用水加热蒸发。在气温较低的地区，采用保温增湿炉具等制热制湿设备进行增湿的效果较好。保温增湿炉具包括炉子、水盘、散热器、烟道等。燃料燃烧产生热量加热水盘以蒸发水汽，使加温补湿同时进行，既能制热，又能制湿。特别适用于养蚕房、食用菌生产菌房、蔬菜大棚、浸种催芽的苗床、水稻育秧棚、养殖场、孵化厂等需要冬季抗寒保暖增湿的生产场所以及家庭休闲的取暖和加湿等。

1. 蒸汽锅炉

在食用菌生产中利用蒸汽锅炉的环节有常压灭菌，鲜菇脱水烘干，食用菌培养基巴氏发酵的加温增湿等。如将减压后的锅炉蒸汽引入食用菌生产菌房，既达到取暖和加湿的目的，又充分利用了设备。其经济性也许并不高，由于蒸汽的需要量很小，投资安装蒸汽输送管道有点“小题大做”，除非房间有取暖要求。

2. 电热蒸汽加湿器

电热蒸汽加湿器配备不锈钢壳体、电热棒、控制箱、显示器，以及漏电、过载、短路保护等精密控制组件。高功率蒸汽加湿器还配有快速吸收式分布器。

3. 电极加湿器

将电极棒插入电极罐水面下，接通电源，借助水中的离子移动将水加热沸腾为水蒸气，加湿量（蒸汽的产生量）大小取决于电极罐中水位的高低，即电极棒插入水中的深度或面积。蒸汽经由蒸汽喷杆均匀分布于风管中，经空气吸收而达到加湿的目的。

4. 干蒸汽加湿器

工作原理采用国外先进的汽水分离技术和汽水分离机制，将饱和蒸汽导入加湿器，蒸汽在蒸汽套杆中轴向流动，利用蒸汽的潜热将中心喷杆加热，确保中心喷杆喷出的是纯的干蒸汽，即不带冷凝水的蒸汽。饱和蒸汽经蒸汽套管后，进入汽水分离室；分离室内设折流板，使蒸汽进入分离室后产生旋转，且垂直上升流动，从而高效地将蒸汽和冷凝水分离；分离出的冷凝水从分离室底部通过疏水器排出。当需要加湿时，打开调节阀，干燥的蒸汽进入中心喷杆，从带有消声装置的喷孔中喷出，实现对空气的加湿。

（五）湿帘降温增湿

在农业温室中，采用湿帘降温系统已很普遍，在降温的同时也增加了农业设施内的湿度。湿帘降温增湿系统（即负压通风）由湿帘箱体、上下水循环系统、轴流风机组成，多用于温室、畜禽舍等相对密封的场所。冷风机（即正压送风）由湿帘纸、水循环系统、送风机组成，多用于纺织厂、商场、餐厅等密闭不严的场所。

第四节　土壤消毒、改良和保护

一、土壤消毒技术

设施农业高密度栽培及在同一块土地上连年种植一种作物，这些均有利于土传病害病原菌的生长繁殖。而这类病害如果不及时加以控制，会使作物严重减产或产品质量降低，甚至造成绝收。土壤消毒是一种高效快速杀灭土壤中真菌、细菌、线虫、杂草、土传病毒、地下害虫、啮齿动物的技术，能很好地解决高附加值作物的重茬问题，并显著提高作物的产量和品质。目前，土壤消毒技术分为物理消毒、化学消毒、生物消毒技术。

（一）物理消毒技术

1. 太阳能-氰氨化钙（石灰氮）消毒法

选择夏季7-9月棚室高温休闲期，每667 m^2 用粉碎麦草（或稻草）1000~2000 kg，撒于土壤表面；再在麦草上撒施石灰氮60~100 kg；土壤深翻20~30 cm，尽量将麦草翻压于土壤表层以下；地面覆盖薄膜，四周压严；田间灌水且浇透，棚室棚膜完全密封。高温消毒15~25d，此时石灰氮中的氧化钙遇水放热，地表温度可达65~70℃，10 cm处地温达50℃以上，这样可有效杀灭土壤中各种病虫害和杂草，高温闷棚后将棚膜、地膜揭掉，翻耕、晾晒，即可种植。

2. 热水消毒

通过锅炉加热水源，把75~100℃的热水直接浇灌在土壤上，使土温升高进行消毒。这种消毒与蒸汽消毒一样不受季节影响，可随时进行。具体做法：消毒前，深翻土壤，耙耱平整，在地面上铺设滴灌管，并用地膜封严，之后通入75~100℃热水。给水量因土质、外界温度、栽培作物种类不同而不同，一般消毒范围在地下0~20 cm时，每平方米灌100 L水，消毒范围在地下0~30 cm时，每平方米灌200L水；沙土160~220 g/kg，壤土220~300 g/kg，黏土280~350 g/kg。为了提高消毒效果，热水处理前土壤要疏松，且施入农家肥，热水处理后2 d即可播种或定植。为促进土壤活化，定植前输入微生物菌剂80~100 kg（每克活菌数2亿）。

3. 蒸汽热消毒

蒸汽热消毒一般使用专门的设备，如用低温蒸汽热消毒机来进行土壤消毒。消毒作业时，将带孔的管子埋在地中，利用低温蒸汽土壤消毒机的蒸汽锅炉加热，通过导管把蒸汽热能送到土壤中，使土壤温度升高。土壤温度在70℃时，保持30 min；土壤温度在95℃以上时，保持5~7 min，即可杀灭土中病菌和线虫。

4. 活性炭土壤消毒

活性炭是植物炭化形成的炭粉。植物种类不同，炭化后的活性也有差异，其中最好选择具有高纤维成分的植物，如枸杞枝、葡萄枝。在起垄后，可随施底肥每平方米施0.3 kg活性炭，施在畦面。土壤施用活性炭后，能有效改善土壤物理性状，促进土壤中有益微生物的繁殖，抑制病原菌的繁殖，起到消毒的作用。

（二）化学消毒技术

化学消毒是目前较为常用的土壤消毒方法之一，是用药剂直接作用于土壤，杀灭病菌、虫卵的方法。效果好，使用普遍，但长期使用会破坏土壤结构，造成环境污染，使地力下降，须谨慎使用。在我国，为防止耕地连作伴生的土壤病虫害，曾广泛采用溴甲烷熏蒸土壤。溴甲烷虽是一种高效、广谱的熏蒸剂，但也是一种消耗臭氧层的有害物质，我国于 2015 年淘汰。目前，以下几种药剂成为溴甲烷的替代品。

1. 甲醛溶液

每平方米用 50 mL 甲醛，加水 6~12 L；或每 0.1 m^2 用 40%甲醛 40 mL，加水 1~3 L。播前 10~12 d，用细眼洒壶或喷雾器喷洒在播种地上，用薄膜严密覆盖，勿通风，播前 1 周再揭开，使药液挥发。或每立方米培养土中均匀洒上 40%甲醛 400~500 mL 加水 50 倍配成的稀释液，然后堆土，上盖塑料膜，密闭 24~48 h 后去掉覆盖物，摊开土，待甲醛气体完全挥发后便可。此法对防治立枯病、褐斑病、角斑病和炭疽病效果良好。

2. 氯化苦

氯化苦对很多病原菌和线虫有杀死及抑制作用，可达到使作物增产、稳产和品质改善的目的。采用氯化苦进行土壤消毒处理时，要求土壤湿度以手握能成团、手松可散开为好。用土壤注射器向地下注射氯化苦原药，深度为 15 cm，施药量 2~4 mL/穴，然后立即覆盖塑料或地膜。消毒时的土温 15~20℃为最适温度，密闭熏蒸 15 d 后，揭开地膜，待药液全部挥发掉，无刺激味，再做畦定植。氯化苦对硝化菌也有抑制作用，用氯化苦消毒后早期表现缺肥，应适当补充氮肥。

3. 多菌灵（N-氨基甲酸甲酯）

多菌灵能防治多种真菌病害，对子囊菌和半知菌引起的病害防治效果很明显。土壤消毒用 50%可湿性粉剂，每平方米施用 1.5g，可防治根腐病、茎腐病、叶枯病、灰斑病等，也可按 1∶20 的比例配制成毒土撒在苗床上，能有效地防治苗期病害。

4. 代森锰锌

防治瓜菜类疫病、霜霉病、炭疽病，用 80%代森锰锌可湿性粉剂（爱诺艾生）600~800 倍液+天达 2116（瓜茄果型）600 倍液，每 7~14d 喷 1 次。防治大田作物霜霉病、白粉病、叶斑病、根腐病等病害，在发病初期用 80%代森锰锌可湿性粉剂（爱诺艾生）700~1000倍液+天达 2116 壮苗灵 600 倍液，每 7~14d 喷 1 次，中间交替喷洒其他农药。用药时不能与碱性农药、肥料或含铜药剂混用。

5. 五氯硝基苯混合剂

五氯硝基苯是保护性杀菌剂，其混合剂是以五氯硝基苯为主要原料，加入代森锰锌或敌克松等配成的混合剂。其配比一般为五氯硝基苯 3 份，其他药 1 份。用于种子消毒和土壤处理，可影响菌丝细胞的有丝分裂。可用于防治马铃薯疮痂病、甘蓝根肿病、莴苣灰霉病、油菜菌核病；每平方米用量 4～6 g，与细沙混匀施入播种沟，播后用药土覆盖种子，或者每 100m^2 用 40%粉剂 65.6g 拌细土 1.5～3 kg，在发病初期撒于根部附近或条施于播种沟内。

6. 威百亩（甲基二硫代氨基甲酸钠）

施药前先将土壤耕松，整平，并保持潮湿，按制剂用药量加水稀释 50～75 倍，均匀喷到表面并让药液润透土层 4 cm，每 667m^2 用量按照 4～6 kg 施用，施药后立即覆盖聚乙烯地膜阻止药气泄漏。施药后 10 d 除去地膜，耙松土壤，使残留气体充分挥发 5～7 d，待土壤残余药气散尽后，土壤即可播种或种植。

7. 棉隆

棉隆对土壤中的真菌和线虫有非常好的杀灭效果。先进行旋耕整地，浇水保持土壤湿度，每 667m^2 用 98%微粒剂 20～30 kg，进行沟施或撒施，旋耕机旋耕均匀，盖膜密封 20 d 以上，揭开膜敞气 15 d 后播种。

8. 敌磺钠

敌磺钠对某些水生霉菌、疫霉菌和腐霉菌有较好的防治效果。每平方米土壤用量为 4～6 g，使用方法同五氯硝基苯混合剂。或每立方米苗床撒施 70%敌克松粉 20 g，轻耙一次后使用。

9. 硫酸亚铁

用 3%硫酸亚铁溶液处理土壤，每平方米用药液 0.5 kg，可防治针叶花木的苗枯病，桃、梅的缩叶病。同时，还能兼治缺铁花卉的黄化病。

10. 福尔马林

每平方米土壤用福尔马林 50 mL 加水 10 kg 均匀喷洒在地表，然后用草袋或塑料薄膜覆盖，闷 10 d 左右揭去覆盖物，使气体挥发，2 d 后可播种或扦插。此法对防治立枯病、褐斑病、角斑病和炭疽病效果良好。

（三）生物熏蒸技术

生物熏蒸是利用来自十字花科或菊科植物（如万寿菊）中含有的有机物释放的有毒气

体进行土壤消毒的方法。该有毒气体含有葡糖异硫氧酸酯，能杀死土壤害虫、病菌。生物熏蒸一般在夏季进行，将土地深耕，使土壤平整疏松，将用作熏蒸的植物残渣切碎，或是用家畜粪便（最好是羊粪，每 667m^2 用量 2000~3000 kg）加入稻秆、麦秆（每 667m^2 用量 600~800 kg），混合均匀撒在土壤表面，浇足量的水，覆盖透明塑料薄膜，可显著提高土壤温度，并产生氨，因而具有双重杀死土壤病原菌和线虫的效果。为取得对病害较好的控制效果，最好在晴天日照长、温度高时操作。根据土壤肥沃程度，选择好粪肥量，以防出现烧苗等情况，最好结合太阳能消毒，更能有效发挥作用。

二、土壤次生盐渍化防治技术

保护地内环境密闭，高温高湿的环境促进了土壤中盐分在表层的集聚，加剧了土壤盐渍化。设施栽培不受降雨等自然因素的影响，土壤中的盐分不能随雨水冲淋到深层，多余的盐分就留在土壤表层；化学肥料尤其是氮肥利用率不足 10%，90%以上的养分累积在土壤中或随灌水淋洗到下部土层或水体，随温室水分蒸发，盐分累积在土壤表层，导致土壤次生盐渍化；偏施氮肥和磷肥使土壤中氮和磷元素过多，钾元素相对缺乏，养分不均衡导致次生盐渍化进一步加剧。

（一）设施土壤次生盐渍化分级

设施土壤次生盐渍化分级见表 5-1。

表 5-1　土壤次生盐渍化与作物生长状况分级

评价	EC（mS/ cm）	状况描述
土壤次生盐渍化等级	0.5~1.0	开始超标，不耐盐蔬菜吸收水分受阻，须控制肥料施用
	1.0~3.0	土壤已经出现次生盐渍化障碍，作物出现生理障碍，产量显著降低，要采取措施改良土壤
	3.0~4.0	土壤已经严重次生盐渍化，作物枯萎死亡
	>4.0	土壤为盐渍化土壤
作物生长状况分级	<0.5	EC 值越低，蔬菜生长越好
	0.5~0.8	作物吸收水分、养分开始受阻
	0.8~1.0	作物生长将受抑制，产量明显下降
	1.0~3.0	作物出现生理性障碍
	>3.0	作物枯萎死亡

注：以土壤 EC 值为指标来评价土壤次生盐渍化和作物状况分级。

（二）设施土壤次生盐渍化的农业修复措施

1. 撤膜淋雨或灌水

利用换茬空隙，撤膜淋雨或灌水，或在夏季休闲期 7-9 月，揭开棚膜，利用自然降雨淋洗土壤，并结合大水漫灌，对棚内土壤灌水 5~7 cm 深，浸泡 10 d 后排除。对于 EC>1.0 mS/ cm 的土壤，反复大水灌溉 2~3 次。

2. 栽培方式与地表覆盖

当土壤 EC<0.5 mS/ cm 时，平畦和高垄两种方式均可，当土壤 EC>1.0 mS/ cm 时，采用平畦栽培，栽培时用薄膜覆盖栽培畦，麦草和玉米秸秆覆盖走道，秸秆每 667m^2 适宜用 600~800 kg。当季覆盖 5 个月后，土壤 EC 可降低 15%~25%，覆盖 1 年后可降低 30%~40%。

3. 平衡施肥，减量施肥

底肥牛粪、羊粪、鸡粪的腐熟有机肥适宜每 667 m^2 施用 2000~3000 kg。追肥时避免使用含氯的肥料，追肥用量在传统肥料基础上降低 30%能保持原产量，并降低 EC 值 8%~10%。

4. 合理的灌溉方式和灌溉制度

对于轻度盐渍化土壤，采用滴灌、渗灌、痕量灌溉、微润灌溉，降低土壤水分含量，减少水分蒸腾，可防止盐分向土壤表层积累。另外改变之前夏季 5~7 d、冬季 10~14 d 的灌水周期，进行每天灌溉，且灌溉按照每天一次进行，或者按照每天两次（冬季 10：00 灌溉，15：00 前灌溉：夏季 9：00 灌溉，18：00 灌溉）进行。果菜类蔬菜早春茬种植，苗期按照每天每株 100~150 mL 灌溉，开花期到三穗果核桃大小按照每天每株 300~400 mL 灌溉，三穗果核桃大小到拉秧期按照每天每株 550~650 mL 灌溉；秋茬则按照苗期每天每株 300~400 mL，开花期到三穗果核桃大小按照每天每株 700~800 mL，三穗果核桃大小到拉秧期按照每天每株 1000~1200 mL。

（三）设施土壤次生盐渍化的生物修复措施

1. 植物修复

①填闲作物种植。利用夏季休闲期，种植大豆、玉米（甜玉米）、小麦、苏丹草、燕麦、苜蓿、葱、茼蒿、小白菜、苋菜等。种植玉米（甜玉米）选择生育期短、生物量大的品种，其中生物量越大，降盐效果越好，甜玉米种植 50~60 d，土壤 EC 降低 20%左右。

②作物轮作。对于 EC>1.0 mS/cm 的土壤，在 5-10 月进行菜—稻轮作，水稻种植期间不喷洒除草剂，会影响下茬蔬菜作物生长。对于 EC<0.5 mS/cm 的土壤，进行果菜类与叶菜类或豆类轮作，如黄瓜—豇豆/芹菜，番茄—芹菜/豇豆。

2. 动物修复

利用蚯蚓促进土壤中>2 mm 团聚体含量的增加，降低土壤 EC 的作用。在休闲且不喷洒农药期间，深旋土壤，棚室灌水，土壤含水量达田间最大持水量的60%左右时，田间放置蚯蚓，每 667 m^2 放置 60~100 kg，用土层覆盖 5~10 cm，保持适宜温度 20~27℃；或者利用蚯蚓肥（蚯蚓处理后的牛粪、羊粪、鸡粪、植株残体）还田，还田量每 667 m^2 施用 2000~3000 kg。

3. 微生物修复

利用微生物的生命代谢活动降低土壤环境中有毒有害物的浓度或使其完全无害化，从而使污染了的土壤能够部分地或完全地恢复到原初状态。

（四）设施土壤次生盐渍化的工程修复措施

1. 暗管排盐

有单层暗管排盐和双层暗管排盐。单层暗管排盐，暗管埋设在畦面下 20~30 cm 的土层，双行植株的中间位置。双层暗管排盐，浅层暗管距地表 30 cm，间距 1.5 m，在每畦的畦底中央；深层暗管距地表 60 cm，间距 6 m，随水下渗的盐分可随管排出，建立排水沟与储水池，储存排除的盐水。

2. 客土

在土壤因次生盐渍化而无法种植或种植效果极差时可采用此法。将非盐渍化土壤、基质、沙子与盐渍化土壤按照 1∶1 或 2∶1 比例混合，添加以糠醛与醋糟为原料的改良剂（pH=1），按照每 667 m^2 施用 600kg，或每 667 m^2 施用脱硫石膏 1800~2100 kg。

3. 无土栽培技术

土壤次生盐渍化发展成盐渍化土壤，无法进行栽培生产时，利用无土栽培技术进行蔬菜生产。按照栽培畦面宽度，一般为 70~80 cm，下挖 20~30 cm，为避免盐分的横向运移，底层铺设石子后铺设无纺布、园艺地布，填充商品用复合基质，并保证填埋基质厚度不低于 20 cm。

三、土壤改良、修复措施

我国设施农业种植面积已达世界设施农业种植面积的 85%以上。设施农业是未来农业发展的主要方向，设施农业大面积建设，虽然带来了显著效益，但由于自身的制约，土壤缺乏雨水洗淋，温度、通风、湿度和肥料等与传统种植有较大的区别，而且设施农业本身具有高集约化、高复种率、高施肥量等特点，导致一系列土壤退化问题。土壤退化会造成土壤板结、肥力变差、微生物活性下降、蔬菜产量减少及质量下降等问题，进而影响生态环境以及人体健康，制约着设施农业可持续健康发展，因此土壤修复、改良成为设施农业中尤为重要的一部分。

（一）物理修复

1. 栽培模式

（1）轮作栽培模式

轮作能均衡利用土壤养分，改善土壤理化性状，调节土壤肥力，减轻病虫危害等。常见的有粮菜轮作、水旱轮作、果菜叶菜轮作等。粮菜轮作多在夏季休闲期，轮作一茬早熟品种的甜玉米；水旱轮作，春茬茄果类蔬菜一般在 5 月中旬完成收获，下一茬口种植水稻，或者在 7~9 月夏季休闲期，种植水生蕹菜和豆瓣菜，始终保持土壤表面湿润，种植水稻和水生蔬菜期间注意不能使用灭草剂，否则易影响下茬蔬菜的正常生长；果菜叶菜轮作，春茬多以经济价值高的果菜种植为主，主栽品种有黄瓜、番茄、辣椒、西葫芦、西瓜、甜瓜等，秋茬多轮作芹菜、油麦菜、甘蓝、芫荽、茼蒿、莴苣等叶菜类蔬菜，也轮作四季豆等。

（2）间作栽培模式

间作指在同一田地上于同一生长期内，分行或分带相间种植两种或两种以上作物的种植方式。一般用于间作的作物有玉米、三叶草、葱、蒜等。间作粮食作物，例如间作玉米，一般在果菜种植 1 个月后定植，在每株果蔬根系 5~10 cm 处定植，定植 1~2 株，可避免果菜夏季栽培时光照过强引起的日灼；间作豆科三叶草等作物，一般在根系 5~10 cm 处，根系周围种植三叶草，利用豆科的固氮作物，减少蔬菜的氮素供应和提高蔬菜的氮素利用；间作葱蒜类蔬菜，一般在根系 5~10 cm 间作 3~5 株蒜或葱，蒜分泌大蒜素，大蒜素具有杀菌效果，能有效降低土壤病原微生物数量。

（3）套作栽培模式

套种指前季作物生长后期在株、行或畦间播种或栽植后季作物的种植方式。一般套作叶菜类、绿肥作物等。套作栽培在大行距栽培模式下应用广泛，传统栽培模式的栽培畦宽 70~80 cm，走道宽 60~70 cm，果菜株距 35~45 cm，套作时大行距调整为栽培畦宽 70~80 cm，走道 100~120 cm，果菜株行距调整为 28~32 cm。走道可套作小白菜、油菜、生菜、茼蒿等速生叶菜，也可套作芹菜等。速生叶菜生育期短，一般最多两个月完成采收，不影响果菜作物生长，芹菜一般 80 d 左右收获，对果菜生长也无显著影响。另外走道可套种苜蓿、苏丹草、高丹草、鲜食大豆（毛豆）等可作为绿肥的豆科高氮作物，这类作物生长 50 d 左右平茬一次，降低遮光，同时绿肥平茬还田可改良土壤。

2. 机械深翻

由于受传统耕作方式影响，土壤耕作层显著变浅，犁底层逐年增厚，耕地日趋板结，制约了作物产量的提高。现代农业的发展，迫切需要进行土地深松作业，打破犁底层，改善耕地质量，提高土地产出率。蔬菜连茬每 2~3 年实行深翻一次，深翻 35~40 cm，有利于打破板结的土壤结构，增加土壤通透性，提高土壤转化分解温度，同时紫外线投射面积较大，能够提高微生物分解活性等。另外深翻的同时结合生物有机肥施用，能够更加有效改善土壤质量，例如用农业废弃玉米秸秆、牛粪或羊粪按照质量比 1∶3 制作的堆肥，一般依据菜田土壤肥力情况，每 667 m^2 可用 1.5~4 t。

3. 合理灌溉

合理灌溉不仅可提高农田灌溉中的生产效率，还有利于节水农业的发展。灌水宜采用沟灌、滴灌、渗灌的方式，降低相对湿度，减轻病害。在土壤空间特性变化均一的温室中，园艺作物采用滴灌或渗灌。番茄种植滴灌管埋设深度为 10~20 cm，小麦滴灌的最佳深度为 10 cm，成龄葡萄滴灌对生长特性效果最佳的深度为 20 cm、40 cm，黄瓜滴灌管埋设深度 5~10 cm、20~30 cm 有较好的效果。设施菜地总灌水量在 1640~2300 m^3/hm^2，整个生育期总灌水次数以 15~20 次为宜。黄瓜、花椰菜、芹菜等根系入土浅且喜湿润土壤，灌水数量和次数适当增加；根系入土较深的番茄、西葫芦、西瓜、甜瓜等耐旱性较强，应尽量少灌水，避免土壤过湿。苗期根系的吸水力弱，要求土壤湿度较高；发棵期要控制水分以蹲苗促根；结果期喜湿蔬菜要勤浇水，经常保持表土层湿度在相对含水量 85%。

（二）化学修复

土壤盐碱化已成为土地退化的主要因素之一，也是影响设施农业可持续生产的重要问题之一。土壤盐碱化主要是由于设施栽培长期处于高集约化和高肥的生产模式下，加之不合理的水肥管理导致。一般蔬菜最适土壤 pH 值为 6.5~7.5，设施土壤的 pH 值一般为 7.32~8.67，须加入适量的酸性改良剂降低土壤酸碱度来满足种植的需要。土壤改良剂分为脱硫石膏改良剂、矿土改良剂、复合改良剂。

1. 脱硫石膏改良剂

又称排烟脱硫石膏、硫石膏或 FGD 石膏，主要成分为石膏、二水硫酸钙 $CaSO_4 \cdot 2H_2O$

(≥93%)。秋季施用脱硫石膏能显著提高作物出苗率和产量；深施（25 cm）脱硫石膏效果更明显。脱硫石膏一次性均匀撒施在平整好的土壤表面，然后翻耕或灌溉，翻耕最好采用旋耕，保证脱硫石膏与土壤混合均匀；或将脱硫石膏均匀溶解于灌溉水中，脱硫石膏施用前必须进行平地，最好采用激光平地仪平地，做到同一块田高低相差不超过 5 cm；或将脱硫石膏施用后灌冬水浸泡，每 667 m^2 灌水量 150~200 m^3，使其与土壤充分反应。在冬季土壤表层干土层 2~3 cm 时，及时耙耱防止水分蒸发引起盐分上移，在作物生育期内灌水 2~3 次，每 667 m^2 每次灌水量 100~150 m^3，增强脱盐效果。施肥技术：施肥量可视土壤盐碱化程度、土壤肥力水平和目标产量而定。对于土壤碱化度高、含盐量高的低产田可适当降低施肥量，而碱化度低、含盐量低的中高产田可增加施肥量，以提高产量。平田整地后，结合施用脱硫石膏，将农家肥（每 667 m^2 2~3 t）均匀施于地表，采用旋耕机旋耕入土，使其与土壤充分混匀。根据种植的不同作物，基施氮、磷、钾肥和追施氮肥。脱硫石膏能调节土地 pH 值，是盐碱地改良优选材料，有利于提高产量，改善土壤结构。

2. 矿物质土壤调理剂

新型矿物质土壤调理剂是把成土母岩的矿物质元素整体转化为有效养分而制成的矿物质土壤调理剂。其含有钾和比较丰富的硅、钙、镁、铁、锰、锌、钼、硼等中微量元素。通过热化学转化法活化，把原料中的所有矿物质元素整体活化为能被作物吸收利用的有效营养形态，制成类似土壤团粒结构。在干旱条件下，按照每 667 m^2 施用 60~120kg 使耕层土壤田间持水量增加 5%~15%。矿物质土壤调理剂可提高土壤保肥能力和增加土壤肥力，改良盐碱地，缓冲土壤 pH 值，更对修复改良土壤、治理土壤板结和重金属污染等起到重大作用，马铃薯等根茎类作物增产可达 8%~25%。

3. 复合改良剂

糠醛渣和醋糟与其他肥料配施后，可有效改善土壤理化性质，提高土壤有机质，降低土壤 pH 值的同时促进土壤脱盐，为作物根系的生长创造适宜环境，提高作物产量。复合型有机酸性改良剂以糠醛渣和醋糟为主要原料，其中糠醛渣 pH 值 3. 32，醋糟 pH 值 7. 11，糠醛渣和醋糟等质量混合后 pH 值 6. 20，利用 1mol/L 稀硫酸浸泡调节其 pH 值为 2 后，按照15∶15∶3∶40∶11 比例复配糠醛渣、醋糟、玉米秸秆、稻壳和豆饼，每 667m^2 施用 600kg 为该复合型有机酸性土壤改良剂的最佳施用量。施用复合改良剂可提高土壤养分和有机质含量，并改善土壤微生物含量，显著提高土壤全氮、有效氮、全磷和有机质含量。

（三）生物修复

1. 蚯蚓

蚯蚓能促进土壤中>2 mm 团聚体含量的增加，降低土壤 EC 值。在休闲且不喷洒农药期间，深旋土壤，棚室灌水，土壤含水量达田间最大持水量的60%左右时，田间放置蚯蚓，每667 m^2 放置60~100 kg，用土层覆盖5~10 cm，保持适宜温度（20~27℃）；或者利用蚯蚓肥（蚯蚓处理后的牛粪、羊粪、鸡粪、植株残体）还田，还田量每667 m^2 放置2000~3000 kg。

2. **功能菌**

利用微生物降解土壤中的有机污染物，使土壤中的有毒有害物质转化为无毒无害物质，达到土壤改良修复的目的。微生物也可修复连作障碍，并减轻病虫害的发生。微生物菌剂的主要成分有枯草芽孢杆菌、地衣芽孢杆菌、巨大芽孢杆菌、酵母菌等，以及微生物助长剂、氨基酸粉等（每克有效菌数22亿）。在保证每克有效菌数22亿的前提下，微生物作底肥时，每667 m^2 用量2 kg，耕地时均匀撒施；作追肥时，每667 m^2 用量1~2 kg；随滴灌冲施施入时，每667 m^2 用2 kg微生物菌剂加200 kg水浸泡，取清液配合常规肥料浇灌；作种肥时，每667m^2种子需用量配合微生物菌剂1 kg，按常规育苗或播种方法使用。另外，有机磷细菌、硅酸盐细菌、光合细菌等都是盐碱土改良利用的重要功能细菌。

第六章　设施蔬菜水肥一体化栽培技术

第一节　水肥一体化技术简介

一、水肥一体化概念

水肥一体化是将灌溉与施肥融为一体、实现水肥同步控制的农业新技术，又称为“水肥耦合”“随水施肥”“灌溉施肥”等。狭义地说，就是把肥料溶解在灌溉水中，由灌溉管道带到田间每一株作物；广义地说，就是水肥同时供应作物需要。水肥一体化是借助压力系统（或地形自然落差），根据不同土壤环境和养分含量状况、不同作物需肥特点和不同生长期需水、需肥规律进行不同的需求设计，将可溶性固体或液体肥料与灌溉水一起，通过可控管道系统供水、供肥。水肥相融后，通过管道和滴头形成滴灌，均匀、定时、定量地浸润作物根系生长发育区域，使主要根系生长的土壤始终保持疏松和适宜的水肥量。

二、水肥一体化技术特点

水肥一体化技术有以下特点：一是灌溉用水效率高。滴灌将水一滴一滴地滴进土壤，灌水时地面不出现径流，从浇地转向浇作物，减少了水分在作物棵间的蒸发。同时，通过控制灌水量，土壤水深层渗漏很少，减少了无效的田间水量损失。另外，滴灌输水系统从水源引水开始，灌溉水就进入一个全程封闭的输水系统，经多级管道传输，将水送到作物根系附近，用水效率高，从而节省灌水量。二是提高肥料利用率。水肥被直接输送到作物根系最发达部位，可充分保证养分被作物根系快速吸收。对滴灌而言，由于湿润范围仅限于根系集中区域，肥料利用率高，从而节省肥料。三是节省劳动力。传统灌溉施肥方法是每次施肥要挖穴或开浅沟，施肥后再灌水。应用水肥一体化技术，可实现水肥同步管理，以节省大量劳动力。四是可方便、灵活、准确地控制施肥数量。根据作物需肥规律进行针对性施肥，做到缺什么补什么，缺多少补多少，实现精确施肥。五是有利于保护环境。水肥一体化技术通过控制灌溉深度，可避免将化肥淋洗至深层土壤，从而避免造成土壤和地下水污染。六是有利于应用微量元素。微量元素通常应用螯合态，价格较贵，通过滴灌系统可以做到精确供应，提高肥料利用率。七是水肥一体化技术有局限性，由于该项技术是设施施肥，前期一次性投资较大，同时对肥料的溶解度要求较高，所以大面积快速推广有一定的难度。

第二节 水肥一体化设备

一、滴灌系统

（一）滴灌的概念

滴灌是按照作物需水要求，通过低压管道系统与安装在毛管上的灌水器，将水和养分一滴一滴均匀而又缓慢地滴入作物根区土壤中的灌溉方法。滴灌不破坏土壤结构，土壤内部水、肥、气、热经常保持适宜于作物生长的良好状况，水分蒸发损失小，不产生地面径流，几乎没有深层渗漏，是一种省水灌溉方式，水利用率可达95%。滴灌的主要特点是灌水量小，灌水器流量为2~12L/h。因此，一次灌水延续时间较长，灌水周期较短，可以做到小水勤灌；需要的工作压力低，能够较准确地控制灌水量，可减少无效的株间蒸发，不会造成水的浪费；灌水与施肥结合进行，肥效可提高1倍以上。滴灌可进行自动化管理，适用于果树、蔬菜、经济作物以及温室大棚灌溉，在干旱缺水地区也可用于大田作物灌溉。滴灌时滴头易结垢和堵塞，生产中应对水源进行严格的过滤处理。

（二）滴灌的优点

1. 节水、节肥、省工

滴灌属于全管道输水和局部微量灌溉，可使水分的渗漏和损失降低到最低限度。同时，滴灌容易控制水量，能做到适时地供应作物根区所需水分，不存在外围水的损失问题，使水的利用效率大大提高，比喷灌节水35%~75%。灌溉可以方便地结合施肥，即把化肥溶解后灌注入灌溉系统，养分可直接均匀地施到作物根系层，实现了水肥同步，极大地提高了肥料利用率。同时，因为是小范围局部控制，微量灌溉，水肥渗漏较少，故可节省化肥施用量，减轻污染。运用滴灌施肥技术，可为作物及时补充价格昂贵的微量元素，避免浪费。由于株间未供应充足的水分，杂草不易生长，因而作物与杂草争夺养分的干扰大为减轻，减少了除草用工。滴灌系统仅通过阀门人工或自动控制，又结合了施肥，可明显节省劳力投入，降低了生产成本。

2. 控制温度和湿度

传统沟灌的大棚，一次灌水量大，棚温、地温降低太快，回升较慢，地表长时间保持湿润，且蒸发量加大，室内湿度太高，易导致病虫害发生。滴灌属于局部微灌，由滴头均匀缓慢地向根系土壤层供水，对地温的保持、回升，减少水分蒸发，降低室内湿度等均具有明显的效果。采用膜下滴灌，即把滴灌管（带）布置在膜下，效果更佳。由于滴灌操作方便，可实行高频灌溉，出流孔很小，流速缓慢，每次灌水时间比较长，土壤水分变化幅度小，故可控制根区内土壤长时间保持在接近于最适合作物生长的湿度。由于控制了室内空气湿度和土壤湿度，因此可明显减少病虫害的发生，减少农药的用量。

3. 保持土壤结构

传统沟畦灌灌水量较大，设施土壤受到较多的冲刷、压实和侵蚀，若不及时中耕松土，会导致严重板结，通气性下降，土壤结构遭到一定程度破坏。滴灌属微量灌溉，水分缓慢均匀地渗入土壤，可保持土壤结构，并形成适宜的土壤水、肥、气、热环境。

4. 改善产品质量、增产增效

由于应用滴灌减少了水肥、农药的使用量，可明显改善产品的品质。设施园艺采用滴灌技术符合高产、高效、优质的现代农业要求，较传统灌溉方式，可大大提高产品产量和质量，提早采收上市，并减少了成本投入，经济效益显著。

（三）滴灌的缺点

1. 灌水器易堵塞

由于杂质、矿物质沉淀的影响会使毛管滴头堵塞，滴灌的均匀度也不易保证，严重时会使整个系统无法正常工作，甚至报废。引起堵塞的原因可以是物理因素、生物因素或化学因素，如水中的泥沙、有机物质或微生物以及化学沉凝物等。因此，滴灌对水质要求较严，必须安装过滤器，必要时还须经过沉淀和化学处理。

2. 可能引起盐分积累

当在含盐量高的土壤上进行滴灌或是利用咸水滴灌时，盐分会积累在湿润区的边缘。若遇到小雨，这些盐分可能会被冲到作物根区而引起盐害，这时应继续进行滴灌冲洗。在没有充分冲洗条件的地方或是秋季无充足降雨的地方，则不要在高含盐量的土壤进行滴灌或利用咸水滴灌。

3. 有可能限制根系的发展

由于滴灌只湿润部分土壤，而作物根系有向水性，作物根系集中向湿润区生长，从而限制了根系的发展。

4. 有局限性

在蔬菜灌溉中不能利用滴灌系统追施粪肥，不适宜在结冻期灌溉。

5. 成本高

滴灌系统造价较高，要考虑作物的经济效益。

（四）滴灌分类

1. 根据不同作物和种植类型分类

①固定式滴灌系统。是指全部管网安装好后不再移动，适用于果树、葡萄、瓜果及蔬菜等作物。

②半固定式滴灌系统。干、支管道为固定的，只有田间的毛管是移动的。一条毛管可控制数行作物，灌完一行后再移至另一行进行灌溉，依次移动可灌数行，可提高毛管的利用率，降低设备投资。这种类型滴灌系统适用于宽行蔬菜与瓜果等作物的灌溉。

2. 根据毛管在田间布置方式分类

①地面固定式。毛管布置在地面，在灌水期间毛管和灌水器不移动的系统称为地面固定式系统，应用于果园、温室大棚和少数大田作物灌溉。灌水器包括各种滴头和滴灌管、带。优点是安装、维护方便，便于检查土壤湿润情况和滴头流量变化的情况；缺点是毛管和灌水器易于损坏和老化，对田间耕作也有影响。

②地下固定式。将毛管和灌水器（主要是滴头）全部埋入地下的系统称为地下固定式系统，是近年来随着滴灌技术的不断提高和灌水器堵塞减少后才出现的滴灌方式，生产中应用面积较少。与地面固定式系统相比，优点是免除了在作物种植和收获前后安装和拆卸毛管的工作，不影响田间耕作，延长了设备的使用寿命；缺点是不能检查土壤湿润情况和滴头流量变化情况，发生故障维修很困难。

③移动式。在灌水期间，毛管和灌水器在灌溉完成后由一个位置移向另一个位置进行灌溉的系统称为移动式滴灌系统，此种系统应用也较少。与固定式系统相比，提高了设备的利用率，降低了投资成本，常用于大田作物和灌溉次数较少的作物。但操作管理比较麻烦，管理运行费用较高，适合于干旱缺水、经济条件较差的地区使用。

3. 根据控制系统运行方式分类

①手动控制。系统的所有操作均由人工完成，如水泵、阀门的开启和关闭，灌溉时间的长短及何时灌溉等。这类系统的优点是成本较低，控制部分技术含量不高，便于使用和

维护，适合在广大农村推广；不足之处是使用的方便性较差，不适宜控制大面积灌溉。

②全自动控制。系统不需要人直接参与，通过预先编制好的控制程序，根据反映作物需水的某些参数，可以长时间地自动启闭水泵和自动按一定的轮灌顺序进行灌溉。人的作用只是调整控制程序和检修控制设备。该系统中，除灌水器、管道、管件及水泵、电机外，还包括中央控制器、自动阀、传感器（土壤水分传感器、温度传感器、压力传感器、水位传感器和雨量传感器等）及电线等。

③半自动控制。系统在灌溉区域设有安装传感器，灌水时间、灌水量和灌溉周期等均是根据预先编制的程序，而不是根据作物和土壤水分及气象资料的反馈信息来控制的。这类系统的自动化程度不等，有的是一部分实行自动控制，有的是几部分实行自动控制。

（五）滴灌系统组成

滴灌系统一般由水源、首部控制枢纽（包括水泵、动力机、过滤器、肥液注入装置、测量控制仪表等）、各级输水管道和滴水器组成。

1. 水源

滴灌系统的水源可以是机井、泉水、水库、渠道、江河、湖泊、池塘等，但水质必须符合灌溉水质的要求，并且要求含砂量和杂质较少。含砂量较大时则应采用沉淀等方法处理。

2. 首部控制枢纽

首部控制枢纽一般包括水泵、动力机、过滤器、施肥罐、控制与测量仪表、调节装置等。其作用是从水源取水加压并注入肥料（农药）经过滤后按时、按量输送进入管网，担负着整个系统的驱动、测量和调控任务，是全系统的控制调配中心。

滴灌常用的水泵有潜水泵、离心泵、深井泵、管道泵等，水泵的作用是将水流加压至系统所需压力并将其输送到输水管网。动力机可以是电动机、柴油机等，如果水源的自然水头（水塔、高位水池、压力给水管）能够满足滴灌系统压力要求，则可省去水泵和动力机。施肥装置的作用是使易溶于水并适于根施的肥料、农药、除草剂、化控药品等在施肥罐内充分溶解，然后再通过滴灌系统输送到作物根部。施肥罐一般安装在过滤器之前，以防造成堵塞。

过滤设备是将水流过滤，防止各种污物进入滴灌系统堵塞滴头或在系统中形成沉淀。过滤设备有拦污栅、离心过滤器、砂石过滤器、筛网过滤器、叠片过滤器等。河流和水库等水质较差的水源，须建沉淀池。

流量、压力测量仪表用于管道中的流量及压力测量，一般有压力表、水表等。安全保护装置用来保证系统在规定压力范围内工作，消除管路中的气阻和真空等，一般有控制器、传感器、电磁阀、水动阀、空气阀等。调节控制装置一般包括各种阀门，如闸阀、球阀、蝶阀等，其作用是控制和调节滴灌系统的流量和压力。

3. 输水管道

滴灌系统的输水管道包括干管、支管、毛管及必要的调节设备（如压力表、闸阀、流量调节器等），其作用是将加压水均匀地输送到滴头。干、支管一般为硬质塑料管（PVC/PE），毛管用软塑料管（PE）。

4. 滴水器

滴水器是滴灌系统中最关键的部件，为直接向作物施水肥的设备。滴水器是在一定的工作压力下，通过流道或孔口将毛管中的水流变成滴状或细流状均匀地施入作物根区土壤的装置，其流量一般不大于 12 升/小时。按滴水器的构造方式不同，滴水器通常分滴头、滴箭、滴灌管、滴灌带等。

（六）过滤装置

任何水源的灌溉水均不同程度的含有各种杂质，而微灌系统中灌水器出口的孔径很小，很容易被水源中的杂质堵塞。因此，对灌溉水源进行严格的过滤处理是微灌中必不可少的步骤，是保障微灌系统正常运行、延长灌水器使用寿命和保障灌溉质量的关键措施。过滤设备主要有沉淀池、拦污栅、离心过滤器、砂石过滤器、筛网过滤器、叠片过滤器等。各种过滤设备可以在首部枢纽单独使用，也可根据水源水质情况组合使用。

1. 砂石过滤器

此类过滤器是利用砂石作为过滤介质的一种过滤设备，一般在过滤罐中放 1.5~4mm 厚的砂砾石，污水由进水口进入滤罐，经过砂石之间的孔隙截流和浮获而达到过滤的目的。表面积大、附着力强的细小颗粒及有机质等比重较小的颗粒（直径 0.05mm 以上）效果好，比重较大的颗粒不易反冲洗。该过滤器主要适用于有机物杂质的过滤，可清除水中的悬浮物（比如藻类）。砂石过滤器的优点是过滤可靠、清洁度高；缺点是价格高、体积大和重量大，要按照当地水质情况定期更换砂石。生产中一定要按照设计流量使用，流量过大会导致过滤精度下降，当进、出口压降大于 0.07MPa 时，应进行反冲洗。一般在地表水源中作为一级过滤器使用，与叠片过滤器或筛网式过滤器同时使用效果更好。

2. 旋流砂石分离器

也叫离心过滤器，常见的结构形式有圆柱形和圆锥形两种。由进口、出口、旋涡室、分离室、贮污室和排污口等部分组成。将压力水流沿切线方向流入圆形或圆锥形过滤罐，做旋转运动，在离心力作用下，比水重的杂质移向四周并逐渐下沉，清水上升，水、砂分离。旋流砂石过滤器可以连续过滤高含砂量的滴灌水，处理比重较大的砂砾（0.075mm以上），但是与水比重相近或较轻的杂质过滤作用不明显。生产中要定期地进行除砂清理，清理时间按照当地水质情况而定。由于在开泵和停泵的瞬间水流不稳，会影响过滤效果，一般在地下水源中作为一级过滤器使用，与叠片过滤器或筛网式过滤器同时使用效果更好。

3. 筛网式过滤器

此类过滤器的过滤介质是尼龙筛网或不锈钢筛网，筛网孔径一般不超过滴头水流通道直径的10%~20%。杂质在经过过滤器时，会被筛网拦截在筛网内壁，主要清除水中的各种杂质，要定期清洗过滤器的筛网，建议每次灌溉后均要清洗。此类过滤器在安装过程中必须按照规定的进水方向安装，不可反向使用；如果发现筛网或密封圈损坏，必须及时更换，否则将失去过滤效果。一般配合旋转式水砂分离器和砂石过滤器作为二级过滤器使用。

4. 叠片过滤器

此类过滤器采用带沟槽的塑料圆片作为过滤介质，许多层圆片叠加压紧，两叠片间的槽形成缝隙，灌溉水流过叠片，泥沙和有机物等留在叠片沟槽中，清水通过叠片的沟槽流出过滤器。要按照当地水质情况定期清洗过滤器，清洗时松开叠片即可除去清洗杂质。此类过滤器在安装过程中必须按照规定的进水方向安装，不可反向使用。适用于有机质和混合杂质过滤，一般配合旋转式水砂分离器和砂石过滤器作为二级过滤器使用。

5. 沉淀池

通过降低流速、减少扰动、增加停留时间，沉淀处理绝大部分粗砂颗粒（0.25~1mm）、大部分细砂颗粒（0.05~0.25mm）及部分泥土（黏性）颗粒（0.005~0.05mm）。需要注意的是砂石和网式（叠片）过滤器只能作为保险装置，不能处理大量泥砂。

（七）滴水器的要求与类型

1. 滴水器的要求

滴水器是滴灌系统的核心，要满足以下要求：①在一定压力范围内有一个相对较低而稳定的流量，每个滴水器的出水口流量应在2~8L/h之间。滴头的流道细小，直径一般小于2mm，流道制造精度要高，以免对滴水器的出流能力造成较大的影响。同时，水流在毛管流动中的摩擦阻力降低了水流压力，从而也就降低了末端滴头的流量。为了保证滴灌系统具有足够的灌水均匀度，一般应将系统中的流量差限制在10%以内。②大的过流断面。

为了在滴头部位产生较大的压力损失和一个较小的流量，水流通道断面最小规格可在0.3～1mm之间变化。滴头流道断面较小很容易造成流道堵塞，若增大滴头流道断面，则须增加流道长度。

2. **滴水器分类**

滴水器种类较多，其分类方法也不相同，主要有以下三种分类方式。

①按滴水器与毛管的连接方式分类。一是管间式滴头。把灌水器安装在两段毛管的中间，使滴水器本身成为毛管的一部分。例如，把管式滴头两端带倒刺的接头分别插入两段毛管内，使绝大部分水流通过滴头体内腔流向下一段毛管，而很少的一部分水流通过滴头体内的侧孔进入滴头流道内，经过流道消能后再流出滴头。二是管上式滴头。直接插在毛管壁上的滴水器，如旁插式滴头、孔口式滴头等。

②按滴水器的消能方式分类。一是长流道式消能滴水器。该滴水器主要是靠水流与流道壁之间的摩擦耗能来调节滴水器出水量的大小，如微管、内螺纹及迷宫式管式滴头等，均属于长流道式消能滴水器。二是孔口消能式滴水器。以孔口出流造成的局部水头损失来消能的滴水器，如孔口式滴头、多孔毛管等均属于孔口式滴水器。三是涡流消能式滴水器。水流进入滴水器的流室的边缘，在涡流的中心产生一低压区，使中心的出水口处压力较低，因而滴水器的出流量较小。设计良好的涡流式滴水器的流量对工作压力变化的敏感程度较小。四是压力补偿式滴水器。该滴水器是借助水流压力使弹性体部件或流道改变形状，从而使过水段面面积发生变化，使滴头出流小而稳定。优点是能自动调节出水量和自清洗，出水均匀度高，但制造较复杂。五是滴灌管或滴灌带式滴水器。滴头与毛管制造成一整体，兼具配水和滴水功能的管（或带）称为滴灌管（或滴灌带）。按滴灌管（带）的结构可分为内镶式滴灌管和薄壁式滴灌管两种。

③按滴水器外型分类。一是滴头。滴头通常有长流道型、孔口型、涡流型等多种。滴头与毛管采用外连接。滴头通常放在土壤表面，也可以浅埋保护。注意选用抗堵塞性强、性能稳定的滴头。滴灌设计时，应根据土壤及种植作物的灌溉制度、滴头工作压力和流量选择合适的滴头。滴头按压力分为压力补偿式和非压力补偿式，压力补偿式滴头主要用于长距离或存在高差的地方铺设；非压力补偿式用于短距离铺设。滴头主要用于盆栽花卉的灌溉，通常是配合滴箭使用。

二是滴箭。滴箭由直径4mm的PE管、滴箭头及专用接头连接后插入毛管而成，主要用于盆栽和无土栽培等。

三是滴灌管。滴灌管是指滴头与毛管制造成的一个整体，兼备配水和滴水功能。滴灌管按出水压力分为压力补偿式和非压力补偿式两种，压力补偿式主要用于长距离铺设或在起伏地形中铺设。按结构可分为内镶式滴灌管（有内镶贴片式和内镶圆柱式）和薄壁式滴灌管两种。滴灌管的滴头孔口直径为0.5~0.9mm，流道长度为30~50cm，管直径为10~16mm，管壁厚为0.2~1mm，工作压力为50~100kPa，孔口出水流量为1.5~3L/h。滴灌管在设施和露地均可以使用，相对滴灌带而言，滴灌管的使用寿命稍长，但是价格比滴灌带高。其缺点是孔口较小，铺设于地面上的滴灌管妨碍田间其他农事操作。滴灌管的性能技术参数：采用内嵌迷宫节流式及内嵌迷宫补偿式滴头，水流通过时呈紊流状态，自洁性能及抗堵塞能力强，过滤级别放宽为80目；"恒压流径"补偿器，使出水均匀度≥95%；使用新型材料，高强度、耐腐蚀、抗老化；从1.5L/h至10L/h 8种流量可根据不同需求选择；0.3~2mm多种管壁厚度适应不同灌溉环境需要。

四是滴灌带。滴灌带是利用塑料管（滴灌管引）道将水通过直径约10mm毛管上的孔口或滴头送到作物根部进行局部灌溉。多采用聚乙烯塑料薄膜滴灌带，厚度0.8~1.2mm，直径有16mm、20mm、25mm、32mm、40mm、50mm等规格，颜色为黑色和蓝色，主要是防止管内生绿苔堵塞管道。若日光温室栽培垄或畦比较短，可选用直径小的软管。滴管带软管的左右两侧各有一排0.5~0.7mm孔径的滴水孔，每侧孔距25cm，两侧滴孔交错排列。当水压达到0.02~0.05kPa时，软管便起到输水作用，将软带的水从两侧滴孔滴入根际土壤中。每米软带的出水量为13.5~27L/h。滴灌带由于管壁较薄，一般建议在设施内使用。相对滴灌管而言，滴灌带的使用寿命稍短，价格也比滴灌管便宜。铺设滴灌管（带）时，一定要出水口朝上。

滴灌带分为内镶式滴灌带和迷宫式滴灌带，目前国内外大量使用且性能较好的多为内镶式滴灌带，包括边缝式滴灌带、中缝式滴灌带、内镶贴片式滴灌带和内镶连续贴条式滴灌带等。内镶式滴灌带是在毛管制造过程中，将预先制造好的滴头镶嵌在毛管内的滴灌带。内镶式滴灌带的特点是内镶滴头自带过滤窗，抗堵性能好；紊流流道设计，灌水均匀；滴头、管道整体性强；滴头间距灵活调节，适用范围广；价格低廉。迷宫式滴灌带是在制造薄壁管的同时，在管的一侧或中间部位热合出各种形状减压流道的滴水出口。迷宫式滴灌带的特点是迷宫流道及滴孔一次真空整体热压成型，黏合性好，制造精度高；紊流态多口出水，抗堵塞能力强；迷宫流道设计，出水均匀，可达85%以上，铺设长度可达80m；重量轻，安装管理方便，人工安装费用低。

生产中在铺设滴灌带时应浅埋，并压紧压实地膜，使地膜尽量贴近滴灌带，注意地膜和滴灌带之间不要产生空间，避免阳光通过水滴形成的聚焦而灼伤滴灌带；播种前要平整土地，减少土面的坑洼，防止土块、杂石、杂草托起地膜，造成水汽在地膜下积水形成透镜效应而灼伤滴灌带；铺设时可将滴灌带进行浅埋，避免焦点灼伤。

二、水肥一体化系统中的施肥（药）设备

微灌系统中向压力管道注入可溶性肥料或农药溶液的设备及装置称为施肥（药）装置。为了确保灌溉系统在施肥施药时运行正常并防止水源污染，生产中必须注意以下几点：一是化肥或农药的注入一定要放在水源与过滤器之间，肥（药）液先经过过滤器之后再进入灌溉管道，使未溶解的化肥和其他杂质被清除掉，以免堵塞管道及灌水器。二是施肥和施药后必须利用清水把残留在系统内肥（药）液全部冲洗干净，防止设备被腐蚀。三是在化肥或农药输液管出口处与水源之间一定要安装逆止阀，防止肥（药）液流进水源，严禁直接把化肥和农药加进水源而造成环境污染。施肥罐一般安装在过滤器之前，以防造成堵塞。

（一）压差式施肥装置

1. 基本原理

压差式施肥装置也称为旁通施肥罐，一般由贮液罐、进水管、供肥液管、调压阀等组成。其工作原理是进水管、供肥液管分别与施肥罐的进、出口连接，然后再与主管道相连接，在主管道上与进水管及供肥管接点之间设置一个截止阀以产生较小的压力差，使一部分水流流入施肥罐，进水管直达罐底，水溶解罐中肥料后，肥料溶液由出水管进入主管道，将肥料带到作物根区。贮液罐为承压容器，承受与管道相同的压力。

2. 基本操作方法

①根据各轮灌区具体面积或作物株数计算好当次施肥的数量，称好或量好每个轮灌区的肥料。

②用两根各配一个阀门的管子将旁通管与主管接通，为便于移动，每根管子上可配用快速接头。

③将液体肥直接倒入施肥罐，固体肥料则应先将肥料溶解并通过滤网注入施肥罐。在使用容积较小的罐时，可以将固体肥直接投入施肥罐，使肥料在灌溉过程中溶解，但需要5倍以上的水量以确保所有肥料被溶解用完。

④注完肥料溶液后扣紧罐盖。

⑤关闭旁通管的进、出口阀，并同时打开旁通管的逆止阀，然后打开主管道逆止阀。

⑥打开旁通管进、出口阀，然后慢慢地关闭逆止阀，同时注意观察压力表到所需的压差（1~3米水压）。

⑦有条件可以用电导率仪测定施肥所需时间，否则用 Amos Teitch 的经验公式估计施肥时间。施肥完后关闭施肥罐的进、出口阀门。

⑧施用下一罐肥时，必须事先排掉罐内的积水。在施肥罐进水口处应安装一个 1/2 英寸（1 英寸=2.54 厘米，下同）的真空排除阀或 1/2 英寸的球阀，在打开罐底的排水开关前，应先打开真空排除阀或球阀，否则水排不出去。

3. 注意事项

①罐体较小的（小于 100L），固体肥料最好溶解后倒入施肥罐，否则可能会堵塞罐体，尤其是在压力较低时更易堵塞。

②有的肥料可能含有一些杂质，倒入施肥罐前先溶解过滤，滤网 100~200 目。如直接加入固体肥料，必须在施肥罐出口处安装一个 1/2 英寸的筛网式过滤器，或将施肥罐安装在主管道的过滤器之前。

③每次施完肥后，应用灌溉水冲洗管道，将残留在管道中的肥液排出。一般滴灌系统需要冲洗 20~30min，微喷灌系统 10~15min。如滴灌系统轮灌区较多，而施肥要求在尽量短的时间完成，可考虑测定滴头处电导率的变化来判断清洗时间，一般首部的灌溉面积越大，输水管道越长，要冲洗的时间也越长。冲洗是个必需的过程，因为残留的肥液存留在管道和滴头处，极易滋生藻类、青苔等低等植物而堵塞滴头；在灌溉水硬度较大时，残存肥液在滴头处易形成沉淀，也可造成堵塞。据笔者调查，灌溉施肥后滴头堵塞多数与施肥后没有及时将肥液冲洗干净有关。

④施肥罐需要的压差由入水口和出水口间的截止阀获得，因为灌溉时间通常多于施肥时间，不施肥时逆止阀要全开。经常性地调节阀门可能会导致每次施肥的压力差不一致（特别是当压力表量程太大时，判断不准），从而使施肥时间把握不准确，为了获得一个恒定的压力差，可以流量表（水表）代替逆止阀门。水流流经水表时会造成一个微小压差，这个压差可供施肥罐用，不施肥时关闭施肥罐两端的细管，主管上的压差仍然存在，这样，不管施肥与否，主管上的压力都是均衡的。

⑤施肥罐应选用耐腐蚀、抗压能力强的塑料或金属材料制造，封闭式施肥罐还要求具有良好的密封性能。罐的容积应根据微灌系统控制面积大小（或轮灌区面积大小）、单位面积施肥量和化肥溶液浓度等因素确定。

4. 旁通施肥罐的优缺点及适用范围

①优点是无须外加动力，省电、省工；成本低廉，经济适用；安装、使用方便。

②缺点是随着罐体内肥料逐渐减少，吸肥的浓度逐渐降低，稳定性较差。罐体容积有限，添加化肥频繁比较麻烦。

③适用范围。在单棚单井膜下滴灌施肥系统中广泛应用。

（二）文丘里施肥器

1. 基本原理

文丘里施肥器与微灌系统或灌区入口处的供水管控制阀门并联安装，使用时将控制阀门关小，造成控制阀门前后有一定的压差，使水流经过安装文丘里施肥器的支管，利用水流通过文丘里管产生的真空吸力，将肥料溶液从敞口的肥料桶中均匀吸入管道系统进行施肥。其原理是让水流通过一个由大渐小然后由小到大的管道时，水流经狭窄部分时流速加大，压力下降，当喉部管径小到一定程度时管内水流便形成负压，在喉管侧壁上的小口可以将肥料溶液从一敞口施肥罐通过小管径细管吸上来。文丘里施肥器可安装于主管路上（串联安装），或作为管路的旁通件安装（并联安装），文丘里施肥器的流量范围由制造厂家给定，主要通过进口压力和喉部规格影响施肥器的流量，每种规格只有在给定的范围内才能准确运行。

2. 文丘里施肥器的类型

①简单型。结构简单，只有射流收缩段，因水头损失过大一般不宜采用。

②改进型。灌溉管网内的压力变化可能会干扰施肥过程的正常运行或引起事故。为防止这些情况发生，在单段射流管的基础上，增设单向阀和真空破坏阀，当产生抽吸作用的压力过小或进口压力过低时，水会从主管道流进贮肥罐以致产生溢流。在抽吸管前安装一个单向阀，或在管道上装一球阀均可解决这一问题。当文丘里施肥器的吸入室为负压时，单向阀的阀芯在吸力作用下打开，开始吸肥；当吸入室为正压力时，单向阀阀芯在水压作用下关闭，防止水从吸入口流出。

③两段式。国外研制了改进的两段式文丘里施肥器结构，使得吸肥时的水头损失只有入口处压力的12%~15%，从而克服了文丘里施肥器的基本缺陷，已得到了广泛应用。其不足之处是流量相应降低了。

3. 文丘里施肥器安装与运行

一般情况下，文丘里施肥器安装在旁通管上（并联安装），这样只需部分流量经过射流段。这种旁通运行可以使用较小的文丘里施肥器，以便于移动。不加肥时，系统也正常工作；施肥面积很小且不考虑压力损耗时也可以用串联安装。在旁通管上安装的文丘里施肥器，常采用旁通调压阀产生压差，调压阀的水头损失足以分配压力。如果肥液在主管过滤器之后流入主管，抽吸的肥水要单独过滤，可在吸肥口包一块100~120目的尼龙网或不锈钢网，或在肥液输送管的末端安装一个耐腐蚀的过滤器，筛网规格为120目。

4. 文丘里施肥器的优缺点及适用范围

①优点。借助灌溉系统水力驱动，无须外加动力；无运动零部件，可靠性高，日常维护少；正常系统流量下，吸肥量始终保持恒定；压力灌溉系统中最经济高效的注肥方式；体积小重量轻，安装灵活方便，节省空间；并联可同时吸取多种肥料或加倍吸肥量；有专业配套的逆止阀、过滤吸头、限流阀、流量计等可选。

②缺点。压力损失较大，一般仅适用于灌区面积不大的地块。

③适用范围。在各种灌溉施肥系统中普遍应用，尤其是薄壁多孔管微灌系统的工作压力较低，可以采用文丘里施肥器。

（三）重力自压式施肥法

应用重力滴灌或微喷灌的，可以采用重力自压式施肥法。在保护地内将贮水罐架高（或修造贮水池），肥料溶解于池水中，利用高水位势能压力将肥液注入系统。该方法仅适用于面积较小（<$350m^2$）的保护地。

南方丘陵山地果园，通常引用高处的山泉水或将山脚水源泵至高处的蓄水池。通常在水池旁边高于水池液面处建立一个敞口式混肥池，池大小为 0.5~$2m^3$，可以是方形或圆形，方便搅拌溶解肥料即可。池底安装肥液流出的管道，出口处安装 PVC 球阀，此管道与蓄水池出水管连接。池内用 20~30cm 长大管径管（如 75mm 或 90mmPVC 管），管的入口用 100~120 目尼龙网包扎。施肥时先计算好每轮灌区需要的肥料总量，肥料倒入混肥池加水溶解，或溶解好直接倒入。打开主管道的阀门开始灌溉，再打开混肥池的管道，肥液即被主管道的水流稀释并带入灌溉系统。通过调节球阀的开关位置控制施肥速度，蓄水池的液位变化不大时（南方地区通常情况下一边滴灌一边抽水至水池），施肥的速度比较稳定，可以保持一恒定养分浓度。施肥结束时，须继续灌溉一段时间，以冲洗管道。通常混肥池用水泥建造，坚固耐用，造价低，也可直接用塑料桶作混肥池。有些用户直接将肥料倒入蓄水池，灌溉时将整池水放干净。由于蓄水池通常体积很大，要彻底放净水很不容易，在池中会残留一些肥液，加上池壁清洗困难，也有养分附着，重新蓄水时极易滋生藻类、青苔等低等植物，堵塞过滤设备。因此，采用重力自压式灌溉施肥，一定要将混肥池和蓄水池分开，二者不可共用。

利用重力自压式施肥由于水压很小（通常在 3m 以内），常规过滤方式（如叠片过滤器或筛网过滤器）由于过滤器的堵水作用，往往使灌溉施肥过程无法进行。生产中在重力滴灌系统中应解决过滤问题，方法是在蓄水池内出水口处连接一段 1~1.5m 长的 PVC 管，管径为 90mm 或 110mm。在管上钻直径 30~40mm 的圆孔，圆孔数量越多越好，将 120 目的尼龙网缝制成与管相同的形状，一端开口，直接套在管上，开口端扎紧。此方法极大地增加了进水面积，虽然尼龙网也会堵水，但由于进水面积增加，总的出流量也增加。混肥池内也用同样方法解决过滤问题。尼龙网变脏时，应更换新网或洗净后再用。该方法经几年的生产应用，效果很好，而且尼龙网成本低廉，容易购买，容易被用户接受和采用。

（四）泵吸肥法

泵吸肥法是利用离心泵将肥料溶液吸入管道系统进行施肥的方法，适合于任何面积的施肥，尤其在地下水位低、使用离心泵的地方广泛应用。为防止肥料溶液倒流入水池而污染水源，可在吸水管后面安装逆止阀。通常在吸肥管的入口包上 100~120 目滤网（不锈钢或尼龙），防止杂质进入管道。该法的优点是无须外加动力，结构简单，操作方便，施肥速度快，可用敞口容器盛肥料溶液，水压恒定时可做到按比例施肥。可以通过调节肥液管上的阀门控制施肥速度。缺点是要求水源水位不能低于泵入口 10m，施肥时要有专人照看，肥液快完时应立即关闭吸肥管上的阀门，否则会吸入空气而影响泵的运行。

（五）泵注肥法

该方法的原理是利用加压泵将肥料溶液注入有压管道，注入口可以在管道上任何位置，通常泵产生的压力必须大于输水管的水压，否则肥料注不进去。在有压力管道中施肥（如采用潜水泵无法用泵吸施肥，或用自来水等压力水源），泵注肥法是最佳选择，生产中多在示范园区的现代化温室采用。喷农药常用的柱塞泵或一般水泵均可使用。泵施肥法施肥速度可以调节，施肥浓度均匀，操作方便，不消耗系统压力。不足之处是要单独配置施肥泵，施肥不频繁的地区可以使用普通清水泵，施肥完毕用清水清洗，一般不生锈；施肥频繁的地区，建议使用耐腐蚀的化工泵。

（六）比例施肥器

比例施肥器是目前常用的施肥器类型，主要为水动注肥泵，用于将浓溶液（药剂、肥料、其他化学试剂）按照固定比例注入母液（水或其他溶质）。其工作原理是将比例施肥器安装在供水管路中（串联或并联），利用管路中水流的压力驱动，比例泵体内活塞做往复运动，将浓溶液按照设定好的比例吸入泵体，与母液混合后被输送到下游管路。无论供水管路上的水量和压力发生什么变化，所注入浓缩液的剂量与进入比例泵的水量始终成比例。优点是水力驱动，无须电力；流动水流推动活塞；精确地按比例添加药液，只要有水流通过就能一直按比例添加并使比例保持恒定。

第三节　蔬菜栽培水肥一体化技术应用

一、蔬菜的需水特性与灌溉制度

（一）水对蔬菜生长发育的影响

1. 水是蔬菜的重要组成部分

蔬菜是含水量很高的作物，如白菜、甘蓝、芹菜和茼蒿等蔬菜的含水量均达93%~96%，成熟的种子含水量也占10%~15%。任何作物都是由无数细胞组成，每个细胞由细胞壁、原生质和细胞核三部分构成。细胞原生质含水量80%~90%及以上时，细胞才能保持一定的膨压，使作物具有一定的形态，维持正常的生理代谢。

2. 水是蔬菜生长的重要原料

新陈代谢是蔬菜生命的基本特征之一，有机体在生命活动中不断地与周围环境进行物质和能量交换，而水是参与这些过程的介质与重要原料。在光合作用中水是主要原料，而且通过光合作用制造的碳水化合物，也只有通过水才能输送到蔬菜植株的各个部位。同时，蔬菜的许多生物化学过程，如水解反应、呼吸作用等都需要水分直接参加。

3. 水是输送养分的溶剂

蔬菜生长中需要大量的有机和无机养分。这些营养物质施入土壤后，首先要通过水溶解变成土壤溶液，才能被作物根系吸收，并输送到蔬菜的各个部位。同时，一系列生理生化过程，也只有在水的参与下才能正常进行。例如，黄瓜缺氮，植株矮化，叶呈黄绿色；番茄缺磷，叶片僵硬、呈蓝绿色；胡萝卜缺钾，叶片扭转，叶缘变褐色。出现缺素症时施入相应营养元素的肥料后，症状将逐渐消失，而这些生化反应，都是在水溶液或水溶胶状态下进行的。

4. 水为蔬菜生长提供必要条件

水、肥、气、热等基本要素中，水最为活跃，生产中常通过水分来调节其他要素。蔬菜生长需要适宜的温度条件，土壤温度过高或过低，均不利于蔬菜生长。由于水有很高的比热容（4.184×10^3J/K×℃）和气化热容（2.255×10^3J/K），冬前灌水具有平抑地温的作用。在干旱高温季节的中午采用喷灌或雾灌可以降低株间气温，增加株间空气湿度。同时，叶片能直接吸收一部分水分，降低叶温，防止叶片萎蔫。土壤水分过多，通气条件不好，则根系发育及吸水吸肥能力就会因缺氧和二氧化碳过多而受影响，轻则生长受抑制、出苗迟缓，重则“烂根”“烂种”。蔬菜生长发育需要大量养分，如果土壤水分过少，有机肥不易分解，养分不能以离子状态存在，不易被作物吸收利用，而且土壤溶液浓度过高还易造成烧苗。因此，经常保持适宜的土壤水分，对提高肥效有明显的作用。

土壤水分状况不仅影响蔬菜光合能力，也影响生殖生长与营养生长的协调，从而间接影响株间光照条件。例如，黄瓜是强光照作物，如果盛花期以前土壤水分过大，则易造成植株旺长，株间光照差，致使花、瓜大量脱落，而降低产量和品质；番茄在头穗果实长到核桃大小之前若水分过多，植株生长过旺，则花、果易脱落，果实着色也困难，上市时间推迟。

（二）蔬菜对水分的要求

1. 不同种类蔬菜对土壤水分条件的要求

蔬菜对水分的要求主要取决于其地下部对水分吸收的能力和地上部的耗水量，根系强大、能从较大土壤体积中吸收水分的蔬菜，抗旱力强；叶片面积大、组织柔嫩、蒸腾作用旺盛的蔬菜，抗旱力弱。但也有水分消耗量虽小，因根系弱而不耐旱的蔬菜。根据蔬菜对水分的需要程度不同，蔬菜分以下五类。

（1）水生蔬菜

这类蔬菜根系不发达，根毛退化，吸收力很弱；而且茎叶柔嫩，在高温条件下蒸腾旺盛，植株的全部或大部分必须浸在水中才能生活，如莲藕、茭白、荸荠、菱等。

（2）湿润性蔬菜

这类蔬菜叶面积大、组织柔嫩，蒸腾面积大，消耗水分多，但根群小，而且密集在浅土层，吸收能力弱，因此要求较高的土壤湿度和空气湿度。在栽培时要选择保水力强的土壤，并重视浇灌，主要有黄瓜、白菜、芥菜和许多绿叶菜类等。

（3）半湿润性蔬菜

这类蔬菜叶面积较小、组织粗硬，叶面常有茸毛，水分蒸腾量较少，对空气湿度和土壤湿度要求不高；根系较为发达，有一定的抗旱能力。在栽培中要适当灌溉，以满足其对水分的要求，主要有茄果类、豆类、根菜类等。

（4）半耐旱性蔬菜

这类蔬菜的叶片呈管状或带状，叶面积小，叶表面常覆有蜡质，蒸腾作用缓慢，所以水分消耗少，能耐受较低的空气湿度。但根系分布范围小，入土浅，几乎没有根毛，吸收水分的能力弱，故要求较高的土壤湿度，主要有葱蒜类和芦笋等蔬菜。

（5）耐旱性蔬菜

这类蔬菜叶片虽然很大，但叶上有裂刻及茸毛，能减少水分蒸腾；而且根系强大、分布既深又广，能吸收土壤深层水分，抗旱能力强，主要有西瓜、甜瓜、南瓜、胡萝卜等。

2. 蔬菜不同生育期对水分的要求

（1）种子发芽期

要求充足的水分，以供种子吸水膨胀，促进萌发和胚轴伸长。此期如土壤水分不足，播种后种子较难萌发，或萌发后胚轴不能伸长而影响及时出苗，所以生产中应在充分灌水或在土壤墒情好时播种。

（2）幼苗期

植株叶面积小，蒸腾量也小，需水量不多；但根群分布浅，易受干旱的影响，栽培上应特别注意保持一定的土壤湿度。

（3）营养生长旺盛期和养分积累期

此期是需水量最多的时期。但应注意在养分储藏器官开始形成时，水分不能供应过多，以抑制叶片和茎徒长，促进产品器官的形成。进入产品器官生长盛期后，应勤浇水多浇水。

（4）开花结果期

开花期对水分要求严格，水分过多，易使茎叶徒长而引起落花落果；水分过少，植株体内水分重新分配，水分由吸水力较小的部分（如幼芽及生殖器官）大量流入吸水力强的叶片中去，而导致落花落果，所以开花期应适当控制灌水。进入结果期后，尤其在果实膨大期或结果盛期，需水量急剧增加，并达最大量，应供给充足的水分，促使果实迅速膨大与成熟。

3. 蔬菜对空气湿度条件的要求

空气湿度对蔬菜生长发育也有很大的影响。根据不同蔬菜对空气湿度要求的差异，可以将蔬菜分为 4 类：一是白菜类、绿叶菜类和水生蔬菜等，要求空气湿度较高，适宜的空气相对湿度为 85%～90%。二是马铃薯、黄瓜、根菜类等，要求空气湿度中等，适宜的空气相对湿度为 70%～80%。三是茄果类、豆类等，要求空气湿度较低，适宜的空气相对湿度为 55%～65%。四是西瓜、甜瓜、南瓜和葱蒜类蔬菜等，要求空气湿度很低，适宜的空气相对湿度为 45%～55%。

（三）蔬菜的需水规律和需水量估算

1. 蔬菜需水规律

蔬菜需水特性随蔬菜的种类、生育阶段及其种植区的气候和土壤条件而变。一般叶面积大、生长速度快、采收期长、根系发达的蔬菜需水量较大（如茄子、黄瓜）；反之，需水量则较少（如辣椒、菠菜）。体内含蛋白质或油脂多的蔬菜（如蘑菇、平菇）比体内含淀粉多的蔬菜（如山药、马铃薯）需水量多。同一种蔬菜不同品种之间也有差异，耐旱和早熟品种需水量较少。同一品种的蔬菜各生育期的需水特性也不同，一般幼苗期和接近成熟期需水较少；生长旺盛期，需水最多，也是全生育期中对缺水最敏感、对产量影响最大的时期，称需水临界期。生长旺盛期充分供水，不仅有利于蔬菜生长发育，而且水分利用效率也高，大多数蔬菜的需水临界期在营养生长和生殖生长的旺盛阶段，也就是开花、结果与块根块茎膨大阶段，如菜用大豆开花与结荚阶段、萝卜块根膨大阶段、番茄花形成与果实膨大阶段等，均为其需水临界期，应确保水分供应。

由于各地气候、土壤、水文地质等自然条件不同，蔬菜需水情况也各异。气温高、日照强、空气干燥、风速大时，叶面蒸腾和株间蒸发均增大，作物需水量也大；反之，则小。土壤质地、团粒结构和地下水位深等均影响到土壤水分状况，从而改变耗水量的大小。在一定土壤湿度范围内，蔬菜耗水量随土壤含水量增加而加大。合理深耕、密植和增施肥料，作物需水量有增加趋势；中耕除草、设置风障、地膜覆盖、保护地栽培等，均能适当降低蔬菜需水量。

2. ***蔬菜需水量估算***

由于蔬菜需水量受蔬菜种类、品种及当地气候条件、土质、耕作措施、保护地类型等影响很大，目前对蔬菜需水量还没有一套十分成熟的计算方法，生产中一般应采用试验测定方法，有时也采用需水系数法（也称蒸发皿）进行估算。估算的基本思路：各种蔬菜无论土壤表面蒸发，还是作物体表面蒸腾，其通过蒸发皿测定水面所蒸发出去的水分气化现象是基本相同的。因此，不同时期的需水量与其水面蒸发量的比值（蒸腾蒸发比）保持稳定，可用蒸发皿测定其水面蒸发量。

估算公式：

$$ET = aE_0$$

式中：ET 为某时段内的作物需水量（mm）。

E_0 为与 ET 同时段内的水面蒸发量，一般采用 80cm 口径蒸发皿或 E-601 型蒸发器。

a 为以水面蒸发为指标的系数，一般情况下 a 值在 0.4~0.7 之间。

该方法仅需水面蒸发资料，资料易于取得。潮湿的蔬菜地可广泛采用，但在较干燥菜地采用，误差较大。

（四）蔬菜节水灌溉制度

1. 蔬菜水分调控原则

保护地蔬菜栽培，土壤湿度的调控至关重要，生产中必须依据当地气候特点、蔬菜种类、生育阶段及土壤情况等确定灌水时间及灌水量。

（1）根据气象特点进行灌水

我国北方地区，冬季及早春季节，外界温度较低，光照较弱，作物生长缓慢，蒸腾蒸发量较小，所以应少灌或不灌水。此阶段若植株确实缺水，土壤含水量较低，可小水灌，而且应尽量选择在晴天中午浇灌，以免造成地温大幅度下降，从而引起寒根。3-6 月份，随着外界温度的上升，作物生长量增大、蒸腾蒸发量增加，棚室通风量增加，灌水量应逐渐增大；6-9 月份，保护地栽培重点是防雨降温，灌溉要根据降雨情况而定，若雨水较多、空气湿度较大，应少灌，同时还要注意防涝排涝；若雨水少，天气干燥，应适当增加灌水次数和灌水量，以促进作物生长。9 月中旬至立秋后，外界气温逐渐下降，开始进行扣棚，根据作物生长情况，灌水量应逐渐减少。

（2）根据蔬菜需水规律进行灌水与保水

播种前浇足底水，以保证种子发芽。出苗时补浇 1 次水或覆几次土，以减少土壤水分蒸发，保证齐苗。幼苗期小水浇或不浇，同时注意防止徒长。移苗时浇移苗水和缓苗水，待苗成活后松土、保墒、蹲苗。定植水要浇透，以促进发根缓苗。缓苗后浇 1 次水，然后进行中耕、蹲苗。对有储藏器官的蔬菜，莲座后期灌 1 次大水后进行中耕保墒蹲苗，蹲苗期间必须保持一定的土壤湿度，以免蹲苗过度。产品器官生长盛期要勤浇水多浇水，以获得高产。

（3）根据各类蔬菜生长特性进行灌水与保水

对大白菜、黄瓜等根浅、喜湿、喜肥的蔬菜，应做到肥多水勤。对茄果类、豆类等根系较深的蔬菜，应先湿后干。对速生菜应经常保证肥水不缺。对营养生长和生殖生长同时进行的果菜，避免始花期浇水，要“浇菜不浇花”；对单纯生殖生长的采种株，应见花浇水，收种前干旱，要“浇花不浇菜”。对越冬菜要浇封冻水。

（4）根据土质和幼苗形态进行灌水

①土质特点。沙性土宜增加灌水次数，并增施有机肥，改良土质，以利保水；黏土地采取暗水播种，浇沟水；盐碱地宜用河水灌溉，明水大浇，洗盐洗碱，浇耕结合；低洼地小水勤浇，排水防碱。

②幼苗形态。棚室青韭，早晨看叶尖有无溢液。棚室黄瓜看茎端（龙头）的姿态与颜

色；露地黄瓜，早晨看叶的上翘与下垂，中午看叶萎蔫与否或轻重，傍晚看恢复快慢。番茄、黄瓜、胡萝卜等叶色发暗且中午略呈萎蔫，甘蓝、洋葱叶色灰蓝、蜡粉较多而脆硬表现为缺水，须立即灌水；反之，叶色淡且中午不萎蔫，茎节拔节，说明水分过多，要排水和晾晒。

2. 蔬菜灌溉时间的确定

目前，我国保护地蔬菜栽培灌溉仍然依靠传统经验，主要凭人的观察感觉。随着保护地节水灌溉技术的推广和自动化灌溉设施的应用，利用现代化手段对作物栽培和棚室条件进行调控已成为发展趋势，可根据作物各生育期需水量和土壤水分张力确定蔬菜的灌水日期和灌水量。土壤中的水分可以用含水量和水势两种方式表述，含水量不能反映土壤水分对植物的有效性，单凭含水量无法判断土壤的干旱程度。土壤水势是在等温条件下从土壤中提取单位水分所需要的能量，土壤水势测定最常用的方法是张力计法。土壤水势单位是巴（bar，1 巴=100 千帕），过去曾用相当于一定压力的厘米水柱来表示，用土壤水吸力的水柱高度厘米数的对数表示，称为 pF 值。它们之间的换算关系是：

105 帕=0.9869 大气压=1 巴=1020 厘米水柱=pF 值 3

土壤水分饱和，水势为零；含水量低于饱和状态，水势为负值，土壤越干旱，负值越大。一般植物生存的土壤水势是 0~-15 巴。当土壤水分张力下降到某一数值时，植株因缺水而丧失膨压以致萎蔫，即使在蒸腾最小的夜间膨压也不能恢复，这时的土壤含水量称为“萎蔫系数”或“凋萎点”。凋萎点用水分张力表示时约为 1.5 巴（pF 值 4.2）。一般灌水应在凋萎点以前，这时的土壤含水量为生育阻滞点。排水良好的露地土壤生育阻滞点约为 1 巴（pF 值 3），但该值在同一土壤上，因作物根系大小、栽培方式及是否有覆盖等差异很大。保护地内 pF 值在 1.5~2 之间，也就是开始灌水的土壤含水量较高，因为保护地内作物根系分布范围受到一定限制，须在土壤中保持较多的水分。灌水期依蔬菜种类、品种、栽培季节、生育阶段、土壤状况、根系范围、地下水位、栽植密度及施肥方法等而异。

3. 蔬菜灌溉制度的制定

（1）灌溉定额

灌溉定额是指依据水分亏缺量和灌溉水资源量确定的作物全生育期（或全生长季、全年）的历次灌水定额之和，是总体上的灌水量控制指标。日光温室的灌溉定额主要考虑作物全生育期的需水量，可以通过作物日耗水强度进行计算。

灌溉定额=（作物日耗水量×生育期天数）/灌溉水的利用系数

（2）灌水定额

灌水定额是指依据土壤持水能力和灌溉水资源量确定的单次灌溉量。在灌溉水资源充足条件下的灌水定额取决于土壤持水能力，为最大灌水定额，计算公式：

最大灌水定额＝计划湿润深度×（田间持水量－实际含水量）

式中：最大灌水定额、计划湿润深度的单位为 mm。

田间持水量、实际含水量为容积含水量。

灌溉量若小于最大灌水定额计算值，则表示灌溉深度不够，这样既不利于深层根系生长发育，又会增加灌溉次数；灌溉量若大于此计算值，则将出现深层渗漏或地表径流损失。

当实际含水量为凋萎点时，最大灌水定额则成为极端灌水定额。

灌水定额计算公式：

$$m=0.1\ (\theta_{max}-\theta_{min})\ rph/\eta$$

式中：m 为灌水定额（mm 或 m^3）。

θ_{max} 为作物土壤含水量上限，以重量百分比计。

θ_{min} 为灌前土壤含水量，作物土壤含水量下限，以重量百分比计。

r 为土壤容重（g/cm^3 或 kg/m^3）。

P 为土壤湿润比（%）。

h 为计划土层湿润深度（m）。

η 为灌溉水的利用系数，取 $\eta=0.95\sim0.98$。

（3）蔬菜灌水间隔期和灌水量

根据蔬菜作物的需水量和生育期间的降水量确定灌水定额。露地滴灌施肥的灌溉定额应比大水漫灌减少 50%，保护地滴灌施肥的灌溉定额应比大棚畦灌减少 30%～40%。灌溉定额确定后，依据蔬菜作物的需水规律、降水情况及土壤墒情确定灌水时期和次数及每次的灌水量。保护地蔬菜的灌水量和灌水间隔随栽培作物种类、气候条件、土壤等不同而异。就灌水量而言，各种蔬菜的灌水量相差极大，在 1.1～15mm/d 范围内，气温较低、光照较弱的冬春季，有增温设备时灌水量宜选择最小值，间隔天数一般应在 20d 以上。一般根据温度和空气湿度取值，温度较低时选最小灌水量，间隔天数较长；温度高时则相反。

二、蔬菜的需肥特性与施肥制度

（一）蔬菜的需肥共性

蔬菜是一种高度集约栽培作物，尽管蔬菜种类和品种繁多，其生长发育特性和产品器官也各有不同，但与粮食作物相比，在需肥量和对不同养分的需求状况等方面存在相当大的差异。蔬菜需肥共性主要表现在以下三方面。

1. 养分需要量大

多数蔬菜由于生育期较短，每年复种茬数多，单位面积年产商品菜的数量相当可观。由于蔬菜的生物学产量高，随产品从土壤中带走的养分多，所以需肥量比粮食作物多得多。各种蔬菜吸收养分的平均值与小麦吸收养分量进行比较，蔬菜平均吸氮量比小麦高 4.4 倍、吸磷量高 0.2 倍、吸钾量高 1.9 倍、吸钙量高 4.3 倍、吸镁量高 0.5 倍。蔬菜吸收养分能力强与其根系阳离子交换量高是分不开的，据研究，黄瓜、茼蒿、莴苣和芥菜类蔬菜的根系阳离子交换量均在 400～600mmol/kg 之间，而小麦根系阳离子交换量只有 142mmol/kg，水稻只有 37mmol/kg。

2. 带走的养分多

蔬菜除留种之外，均在未完成种子发育时即进行收获，以其鲜嫩的营养器官或生殖器官作为商品供人们食用。蔬菜收获期植株中所含的氮、磷、钾均显著高于大田作物，由于蔬菜属收获期养分转移型作物，所以茎叶和可食器官之间养分含量差异小，尤其是磷几近相同；相反，禾本科粮食作物属部分转移型作物，在籽粒完熟期，茎叶中的大部分养分则迅速向籽实（储藏器官）转移。因此，禾本科粮食作物籽实的氮、磷养分含量显著高于茎叶，蔬菜茎叶中的氮、磷、钾含量分别是水稻和小麦的 6.52 倍、7.08 倍、2.32 倍；蔬菜籽实或可食器官中的氮、磷、钾含量分别是水稻和小麦的 2.04 倍、1.49 倍和 6.91 倍。由此可见，蔬菜生长期间植株养分含量一直处于较高水平，为了保持蔬菜收获期各器官均有较高的养分水平，要加强施肥，以满足其在较短时间内吸收较多的养分。

3. 对某些养分有特殊需求

尽管不同种类蔬菜在吸收养分方面存在较大差别，但与其他作物相比，仍有一定的特殊要求，如蔬菜喜硝态氮、对钾需求量大、对钙需求量大、对缺硼和缺钼比较敏感等。这些营养特点都是蔬菜合理施肥的重要依据。

（二）蔬菜的需肥特性

1. 不同种类蔬菜的需肥特性不同

不同种类蔬菜对土壤营养元素的吸收量不同，这主要取决于根系的吸收能力、产量、生育时期、生长速度及其他生态条件。一般而言，凡根系深而广、分枝多、根毛发达的蔬菜，根与土壤接触面大，能吸收较多的营养元素；根系浅而分布范围小的蔬菜营养元素吸收量小。例如，胡萝卜根系比洋葱根系长 3～4 倍，横向生长范围大 1 倍，吸收营养的面积大19倍，因此胡萝卜根系吸收能力要比洋葱强得多。同时，产量高的蔬菜吸收营养元素也多，同一种蔬菜，产量提高时从单位面积土壤中吸收的营养元素量也增加，单位产量所需的矿质营养量则相对减少，所以单位面积产量越高，肥料的增产效益就越大。不同种类蔬菜的生育期长短及生长速度不同，生长期长的一般吸肥总量大；生长速度快的一般单位时间内吸肥量多。生产中合理施肥应以吸肥强度为指导，同时参考吸肥总量。

系统发育与遗传上的原因，不同蔬菜吸收的土壤营养元素总量不同，据此可将蔬菜作物分为四类：①吸收量大的，如甘蓝、大白菜、胡萝卜、甜菜、马铃薯等。②吸收量中等的，如番茄、茄子等。③吸收量小的，如菠菜、芹菜、结球莴苣等。④吸收量很小的，如黄瓜、水萝卜等。

不同种类蔬菜利用矿质营养的能力也不同，如甘蓝最能利用氮，甜菜最能利用磷，黄瓜对三要素的需要量均大，番茄利用磷的能力弱但对磷过量无不良反应。瓜类吸磷量高于番茄，黄瓜吸钙量和吸镁量也高于番茄，葱蒜类中的洋葱、大葱属于吸肥较少的蔬菜，豆类蔬菜吸钾量较低而吸磷量偏高等。同一种蔬菜的不同品种需肥不同，品种的耐瘠性和耐肥性是由遗传基因决定的。早熟品种一般生长速度快，单位时间内吸肥量多，但生育期短，吸肥总量少，所以须勤施速效肥；晚熟品种一般需肥总量大，生育期又长，除重施基肥外，还要多次追肥，早期应施用长效肥。

2. 同一品种不同生育期需肥特性不同

就蔬菜整个发育期而言，幼苗期生长量小，吸收营养元素较少。例如，甘蓝苗期吸收营养元素仅为成株的1/6~1/5，但幼苗期相对生长速度快，要求肥料养分全、数量多；随着植株生长，吸肥量逐渐加大，到产品器官形成时生长量达到峰值，需肥量也最多，一般成株比幼苗耐受土壤溶液浓度的能力大2~2.5倍。

蔬菜不同生育期对肥料种类的要求也不同，一般全生长期均需要氮肥，尤其是叶菜类，氮肥供应充足时营养生长好，茎叶内叶绿素含量高，叶色深而功能期长。全生长期均需要磷肥，尤其是果菜类苗期花芽分化时，磷对提高花芽分化的数量和质量有很好的效果。根茎果类蔬菜幼苗期需大量的氮、适量的磷和少量的钾；根茎肥大时，则需要大量的钾、适量的磷和少量的氮。茄果类蔬菜幼苗期需氮较多，磷、钾的吸收相对少些，进入生殖生长期需磷量猛增，而氮的吸收量略减。

3. 产品器官不同需肥特性不同

叶菜类一般需氮较多，多施氮肥有利于提高产量和品质；根茎菜类需磷、钾较多，增施磷、钾肥有利于其产品器官膨大；果菜类对氮磷钾三要素的需要较平衡，在果实形成期需磷较多。不同种类叶菜需肥也有差异，绿叶菜全生育期需氮最多，宜用速效氮；结球叶菜虽然需氮也多，但主要是在苗期和莲座初期，进入生长旺盛期则须增施磷、钾肥，否则不易结球。根茎菜类，幼苗期需要大量氮肥，同时需要适量的磷肥和少量钾肥，到根茎膨大时则需要较多的钾、适量的磷和较少的氮。如果全生育期氮过多而钾供应不足，则植株上部易徒长，作为产品器官的肉质根、块茎、根茎、球茎等，因得不到足够的养分而不能充分膨大；如果前期氮肥不足，则生长缓慢，功能叶（莲座叶）面积小，发育迟缓，致使根茎膨大时养分供应不足，产量低。果菜类，苗期需氮较多，磷、钾的吸收相对较少；进入生殖生长期后对磷的需要量急增，而氮的吸收量则略减。如果后期氮过多而磷不足，则茎叶徒长，影响结果；前期氮不足则植株矮小，磷、钾不足则花期推迟，产量和品质也随之降低。

此外，蔬菜对土壤营养元素形态也有不同的要求，矿质元素均有各自的形态，如氮有铵态氮、硝态氮、尿素态氮，磷有磷酸态、磷矿态等。

（三）蔬菜需肥类型与分类施肥方法

蔬菜作物种类繁多，栽培模式多样，但在养分吸收方面的共同特点是吸收能力强、吸收量大。生产中具体到每种蔬菜作物还要根据不同的生物学特性和养分要求采用不同的施肥措施。一般可将蔬菜需肥类型分为以下三类。

1. 变量需肥型

这类蔬菜，初期生长缓慢，需肥量小；中后期随着根或果实的膨大进入施肥关键期，植株长势旺，需肥量增大，瓜类、根菜类等生育期长、采收期短的蔬菜大多属于该类型。这种类型的蔬菜，应少施基肥，特别是少施氮肥，重施追肥，并多补充钾肥。进入坐瓜（坐果）期和膨大期应渐次加大施肥量，防止脱肥而影响产量和品质。同时，还要注意植株调整，疏掉部分无用枝叶，减少养分消耗，保证产品器官生长。有些蔬菜生长中后期枝叶繁茂，不便施肥，可以在施基肥时采取深施或穴施的方法，加大肥料与根系的空间，避免生长初期肥效过大、生长后期脱肥。

2. 稳定需肥型

这类蔬菜生育期和采收期均较长，需要肥效维持较长时间，以达到稳产、增产的目的，主要有番茄、茄子等茄果类蔬菜和芹菜、大葱等。该类型蔬菜生长前期要保证根系发育良好，培育健壮植株，以长期保持收获期间的植株长势。在施肥方法上基肥和追肥同等重要，通常比例为4∶6。磷肥可一次基施，氮肥不宜过多，防止植株徒长。追肥主要是氮、钾肥，次数根据采收期长短而定，每次肥量基本相同。如采收期过长，可适时追施磷肥，保证作物生长需要。

3. 早发需肥型

这类蔬菜全生育期较短，总需肥量不大，在生育初期即开始迅速生长，如菠菜、油菜等叶类蔬菜。这类蔬菜喜氮肥，前期要充分保证氮肥供应，生长后期如果氮肥过多，则植株叶片变薄，产品硝酸盐含量高，品质恶化。在施肥方法上以施基肥为主，施肥位置相对要浅、离根要近，追肥以氮肥为主，一般追施 1~2 次，保证初期生长良好。结球甘蓝、花椰菜等为了使其结球结实，后半期也需要有一定的长势，可适当补充钾肥。

（四）不同种类蔬菜的需肥特点

1. 绿叶类蔬菜

绿叶类蔬菜主要包括以嫩叶、嫩茎供食用的小白菜、芹菜、菠菜、生菜、莴苣等。这类蔬菜可食用期均为营养生长期，其生长期短，所以无论基肥或追肥均应采用速效氮肥，通常少用基肥，多用低浓度化肥或粪肥进行多次追肥，生长盛期则须增施钾肥和适量磷肥。若全生长期氮肥不足，则植株矮小，组织粗硬，产量低，品质差。

2. 瓜果类蔬菜

瓜果类蔬菜包括番茄、茄子、辣椒、黄瓜、瓠瓜等以果实为食用器官的蔬菜。这类蔬菜吸钾量最高，对各元素吸收量的顺序是钾>氮>钙>磷>镁，施肥既要求保证茎叶和根的扩展，又要满足开花结果和果实膨大成熟的需要，使两者平衡协调。一般应多施基肥，苗期需氮较多，磷、钾的吸收相对较少；进入开花结果阶段对磷的吸收量猛增，而氮的吸收量略减，氮、磷、钾肥要配合使用。这类蔬菜前期养分供应充足，有利于叶面积增加，提高光合效率，促进营养生长，同时也有利于调节营养生长和生殖生长的矛盾，提高产量，改进品质。前期氮肥不足，则植株矮小；磷、钾肥不足则开花晚，产量和品质下降。后期氮肥不足，则开花数减少、花发育不良、坐果率低，影响果实膨大；氮肥过多而磷不足，则茎叶徒长，开花结果延迟，影响结果。同时，还应注意防止肥水过多，使茎叶生长过旺，开花结果推迟。

3. 根菜类蔬菜

根菜类蔬菜包括萝卜、胡萝卜、根用芥菜、芜菁等以食用肉质根、肉质茎的蔬菜。施肥时要注意地上部分和地下部分的平衡生长，为促进叶片生长要有充足的氮肥，以速效性氮肥（如充分腐熟的人粪尿等）作基肥。幼苗期追施速效氮肥、适量磷肥和较少钾肥，促进强大的肉质根茎和叶的形成；根茎肥大期，则需多施钾肥、足量的磷肥和较少的氮肥，促进叶的同化物质运送到肉质根茎中，加速肉质根茎膨大。全生育期对钾肥需求量最多。如果前期氮肥不足，植株生长不良，发育迟缓；后期氮肥过多而钾肥不足，则会引起地上部的过度生长，消耗养分过多，影响肉质根茎膨大。

4. **白菜类蔬菜**

白菜类蔬菜主要指以叶球供食用的大白菜、结球甘蓝等，对施肥的要求是多施基肥，在生长期多次追肥。生长前期应以速效氮肥为主，莲座期和包心期除施用大量速效氮肥外，还应增施磷肥和钾肥，否则会影响叶球的形成。

5. **薯芋类蔬菜**

薯芋类蔬菜包括生姜、芋头、马铃薯、山药及魔芋，以块茎、块根和根茎供食用。这类蔬菜对肥的要求是既要为地上部茎叶生长提供足够养分，又要为地下茎（或块根）的膨大创造疏松通气的土壤环境，所以必须在深耕土层的基础上施用大量有机肥。全生育期吸收钾最多，氮居第二位，磷居第三位，生长前期施用速效氮肥可促进茎叶生长，中期施用速效磷和钾肥促进同化产物向地下茎（块根）输送。

6. **豆类蔬菜**

豆类蔬菜包括菜豆、豇豆、毛豆、扁豆、豌豆和蚕豆等，主要食用嫩豆荚、嫩豆粒。豆类共生根瘤菌可固氮，除苗期外须施少量氮肥外，生长期注重施用磷、钾肥。豆类蔬菜除了毛豆、蚕豆对氮要求较低外，其他豆类，特别是菜豆、豇豆，仍须施入一定量的氮肥。由于豆科作物根瘤菌的发育需要磷，所有豆类蔬菜均须施磷肥。豆类蔬菜对硼、钼、锌很敏感，缺乏时易引起生理病害。

（五）肥料的选择

1. **水肥一体化技术对肥料的基本要求**

①溶解性好。良好的溶解性是保证水肥一体化技术顺利实施的基础，液体肥料和常温下能够完全溶解的固体肥料都可以施用，溶解后要求溶液中的养分浓度较高，但不会产生沉淀堵塞过滤器和灌水器出水口。②兼容性强。水肥一体化技术要求肥料的养分纯度高，没有杂质，肥料配制时肥料之间不能产生拮抗作用，与其他肥料混合应用基本不产生沉淀，保证两种以上养分能够同时施用。③腐蚀性小。当微灌系统的设备与肥料直接接触时，设备容易被腐蚀而生锈或溶解。有些肥料具有强腐蚀性，如用铁制施肥罐施磷酸肥会溶解金属铁，铁与磷酸根生成磷酸铁沉淀，因此生产中应注意选用腐蚀性小的肥料。④肥料溶解于水后不引起灌溉水 pH 值的剧烈变化。⑤微量元素肥料一般不与磷素追肥同时施用，以免形成磷酸盐沉淀堵塞滴头。

2. **用于灌溉施肥的肥料种类**

滴灌施肥系统施基肥与传统施肥相同，包括多种有机肥和多种化肥。但滴灌追肥的肥料品种必须是可溶性肥料，固体肥料和液体肥料均可，要求在常温条件下能完全溶解。养分含量适宜的液体肥料品种少、价格高且不便运输，生产中很少使用；水溶性专用固体肥料，养分高，配比合理，溶解性好，可兼作叶面肥喷施，但存在价格高的问题；溶解性好的普通固体肥料，生产中应用较为普遍，容易购买，但产品质量优劣不一，部分产品含有不溶性杂质，常常造成管道堵塞。为了保证管道畅通和使用年限，必须使用水溶性肥料或优质的溶解性好的普通固体肥料。

符合国家标准或行业标准的尿素、氨水、硫酸铵、硝酸铵、碳酸氢铵、氯化铵、磷酸二氢铵、磷酸氢二铵、硫酸钾、氯化钾、磷酸二氢钾、硝酸钾、硝酸钙、硫酸镁等，肥料纯度较高，杂质较少，溶于水后不会产生沉淀，均可用作灌溉施肥。颗粒状复合肥一般不作为灌溉施肥；沼液或腐殖酸液肥，经过滤后方可用作灌溉施肥，以免堵塞管道；微量元素肥料一般不能与磷肥同时灌溉施用，以免形成不溶性磷酸盐沉淀，堵塞滴头或喷头。微量元素应选用螯合态肥料。

水溶性肥料（Water Soluble Fertilizer，WSF），是一种可以完全溶于水的多元复合肥料，能迅速溶解于水中，容易被作物吸收，而且吸收利用率相对较高，可以应用于喷滴灌等设施农业，实现水肥一体化，达到省水省肥省工的效能。一般而言，水溶性肥料可以含有作物生长所需要的全部营养元素，如氮、磷、钾、钙、镁、硫及微量元素等。生产中可以根据作物生长对营养需求特点设计施肥配方，科学的肥料配方，肥料利用率是普通复合化学肥料的2~3倍（我国普通复合肥的利用率仅为30%~40%）。同时，水溶性肥料是速效性肥料，种植者能较快地看到施肥效果，及时根据作物不同长势对肥料配方进行调整。水溶性肥料的施用方法十分简便，可以随着灌溉水包括喷灌、滴灌等方式进行灌溉施肥，既节水、节肥，又节省劳动力，在劳动力成本日益高涨的今天，使用水溶性肥料的效益是显而易见的。由于水溶性肥料的施用方法是随水灌溉，施肥极为均匀，可提高产量和品质。水溶性肥料一般杂质少，电导率低，使用浓度调节方便，即使对幼嫩的秧苗也十分安全，不用担心引起烧苗等不良后果。根据作物对养分的要求，大量元素水溶性肥料应具备以下特点：①成分中加入的水溶螯合态微量元素组合物，要避免与磷元素产生拮抗效应。②使作物具备抗逆增产特性，显著提高作物的光合作用，提升作物产量和品质，增加含糖量，增强抗寒、抗旱、抗病、抗倒伏等抗逆性能，延长保鲜期。③加入高钾型配方，迅速满足果实、籽粒等膨大时对钾的需求，增加果品甜度，改善果实着色，延长贮存时间。

3. 肥料之间及肥料与其他因素的相互作用

（1）不同肥料混合施用的要求

不同肥料混合施用时不仅要求肥料在常温下可以完全溶解，而且在施用过程中必须保证各元素之间的相容性，不能有沉淀物产生，不能改变各自的溶解度。在对肥料性质不了解时，尽可能采取分批或隔日施入法。在实际操作中，对于混合产生沉淀的肥料可以分别采用单一注入的办法，或采用两个以上的贮肥罐把混合后相互作用会产生沉淀的肥料分别贮存分别注入。

（2）氮肥选择范围宽

氮肥是滴灌系统施用最多的肥料，选择范围较大。氮肥一般水溶性好，非常容易随着灌溉水滴入土壤而施到作物根区。尿素及硝酸铵最适合于滴灌施肥，施用这两种肥料的堵塞风险最小。由于氨水会增加水的 pH 值，一般不推荐滴灌施肥。在气温较低条件下，尿素、硝酸钾及硝酸钙溶解时要吸收水中的热量，水的温度大幅降低，为了充分溶解，最好让溶液放置 2 小时左右，随着温度升高使其余未溶解部分会逐渐全部溶解。另外，在配制磷酸和尿素肥液时先加入磷酸，可利用磷酸的放热反应使溶液温度升高，然后加有吸热反应的尿素，这样对增加低温地区肥料的溶解度具有积极作用。灌溉水中铵态氮/硝态氮比率大小影响土壤 pH 值，根据蔬菜作物氮素养分吸收特点，在选择滴灌专用肥时，要注意氮的形态和比例，一般掌握在铵态氮占 1/3、硝态氮 2/3；若配施酰铵态氮，则不宜过多。

（3）磷肥采用滴灌系统施肥要谨慎

最适宜的磷肥品种是磷酸二氢钾，其溶解性好，同时可提供磷营养和钾营养，但价格较高。磷酸是液体肥料，适宜微灌施肥，但购买运输存在局限性。大部分磷酸二氢铵含有较多不溶解物，须经过严格的溶解过滤后才能注入灌溉系统。磷酸氢二铵基本上都经过固化造粒，不能用于微灌施肥。建议生产中将作物所需的磷肥大部分或全部通过基肥施入土壤。

（4）钾肥合理选用

钾肥以氯化钾、磷酸二氢钾为主，农业级硫酸钾溶解度差，不适合用于微灌施肥系统。氯化钾具有溶解速度快、养分含量高、价格低的优点，对于非忌氯作物或土壤有淋洗渗漏条件的，氯化钾是用于灌溉施肥最好的钾肥。但某些对氯敏感作物要合理施用以防氯害。生产中可以根据作物耐氯程度采用硫酸钾和氯化钾配合施用。

（5）施用螯合态微肥

一般微肥应基施或叶面喷施，螯合态微肥可以与大量元素肥料一起加入灌溉水中施用。非螯合态微肥，即使不与其他元素肥料混合施用，在 pH 值较高的水中，也可能产生沉淀。

（6）肥料与灌溉水的反应

灌溉水中通常含有各种离子和杂质，如钙离子、镁离子、硫酸根离子、碳酸根离子和碳酸氢根离子等，这些离子达到一定浓度就会影响肥料溶解性，或与肥料中有关离子反应而产生沉淀。在水的 pH 值大于 7.5、钙和镁含量大于 50mmol/kg、碳酸氢根离子大于 150mmol/kg 时，钙和镁离子与肥料中的磷酸根离子、硫酸根离子结合形成沉淀，容易造成滴头和过滤器的堵塞。因此，灌溉水硬度较大时，应选用酸性肥料进行灌溉施肥。

（7）灌溉水养分浓度的控制

在施肥过程中，灌溉水养分浓度较高，蔬菜生长前期应控制在 0.064%以下，生长后期应控制在 0.192%以下，以保证蔬菜施肥安全。

（8）施肥系统安装与操作要规范

化肥注入一定要在水源与过滤器之间，肥（药）液先经过过滤器之后再进入灌溉管道，使未溶解的化肥和其他杂质被清除掉，以免堵塞管道及灌水器。施肥后必须利用清水把残留在系统内的肥液全部冲洗干净，以防设备被腐蚀。在化肥或农药输液管出口处与水源之间一定要安装逆止阀，防止肥（药）液流进水源，同时严禁将化肥和农药加进水源而造成环境污染。

4. 肥料选择施用的简化方法

实际生产中，一般基肥与滴灌追肥相结合，氮、钾、镁肥可全部通过滴灌系统追施，磷肥若用过磷酸钙作基肥，也可撒在滴灌管下或水能浸湿到的根系周围地面，不需要覆土。有机肥作基肥，微肥最好通过叶面喷施，有条件的尽可能选用具有完全水溶性、良好相容性、呈弱酸性、盐分指数低、全营养性的滴灌专用肥施用。也可选用单质肥料配制，在选择单质肥料自配滴灌肥料时，一定要注意肥料的水溶性和相容性，对容易发生拮抗反应的肥料采用隔日法施入。滴灌追肥量一般应掌握在冲施追肥量的50%~70%，不能过多。

三、蔬菜栽培应用水肥一体化技术的优势

（一）节水

水肥一体化技术可减少水分的下渗和蒸发，提高水分利用率。通过滴灌设施，增加用水次数，减少每次用水数量，根据不同作物和不同生长时期，每次用水量 3~10 m^3，仅为沟灌或大水漫灌的 1/50~1/10，总体用水量仅为沟灌或大水漫灌的 1/5~1/4。在露地栽培条件下，微灌施肥与大水漫灌相比，节水率达 50%左右。保护地栽培条件下，滴灌施肥与畦灌相比，每亩大棚每季可节水 80~120 m^2，节水率为 30%~40%。

（二）节肥

水肥一体化技术实现了平衡施肥和集中施肥。全地埋式滴灌不仅能灌水，还可施肥，使肥料均匀直达蔬菜作物根部，集中有效地施肥，减少了肥料挥发和流失，同时还可避免养分过剩造成的损失，具有施肥简便、供肥及时、作物易于吸收、肥料利用率高等优点。在蔬菜作物产量相近或相同的情况下，水肥一体化与传统施肥技术相比可节省化肥40%~50%。

（三）水肥均衡

传统的浇水和追肥方式，蔬菜作物饿几天再撑几天，不能均匀地“吃喝”。全地埋式滴灌实现了每个滴孔出水均匀，通过该项设施供水、供肥，不仅使整块土地同时均匀得到水、肥，而且还能做到按蔬菜作物需要适时、适量施肥。

（四）省工省时

传统的沟灌，施肥费工费时，非常麻烦。使用滴灌，只需打开阀门、合上电闸，几乎不用人工。水肥一体化技术不需要再单独花时间灌水、施肥，还减少了施药、除草、中耕，极大地节约了工时，每亩可以节省劳力 15~20 个。

（五）改善微生态环境，减少病害发生

保护地蔬菜栽培采用水肥一体化技术：一是明显降低了棚内空气湿度。滴灌施肥与常规畦灌施肥相比，空气相对湿度可降低 8.5%~15%。空气湿度低，在很大程度上抑制了蔬菜作物病害的发生，滴灌施肥农药用量减少 15%~30%，减少了农药的投入和防治病害的劳力投入。二是保持棚内温度。滴灌施肥比常规畦灌施肥减少了通风降湿的次数，棚内温度一般比常规畦灌施肥后通风的大棚高 2~4℃，有利于蔬菜作物生长。三是增强微生物活性。滴灌施肥与常规畦灌施肥技术相比，地温可提高 2.7℃，有利于增强土壤微生物活性，促进蔬菜作物对养分的吸收。四是有利于改善土壤物理性质。滴灌施肥克服了因灌溉造成的土壤板结，使土壤容重降低、孔隙度增加。五是减少土壤养分淋失和地下水污染。六是减轻病害的发生。保护地蔬菜很多病害是土传病害，随流水传播，如辣椒疫病、番茄枯萎病等，采用滴灌可以直接有效地控制土传病害的发生。

（六）增加产量，改善品质

水肥一体化技术，可促进蔬菜作物产量的提高和产品质量的改善。设施蔬菜水肥一体化栽培与常规栽培相比，一般可增产 17%~28%。

（七）节省成本，提高经济效益

采用水肥一体化技术，省水、省肥、省药、省工，减少了生产成本，提高了生产效益。滴灌设施的工程投资（包括管路、施肥池、动力设备等）每亩约为 1000 元，可以连续使用 5 年左右，增加的设施成本，1~3 季生产即可收回，而每年节省的肥料和农药至少为 700 元。

第七章 蔬菜栽培的其他技术

第一节 植株调整技术

一、番茄植株调整技术

（一）搭架

1. 建造吊架

用胶丝绳作吊绳，在每个栽培畦上方沿栽培畦走向拉一道钢丝，南端绑在拉杆上。为坚固起见，最好埋设立柱，在立柱上东西向拉一道8号铁丝。在温室北部东西向拉一道铁丝，栽培畦上的钢丝北端可绑在这道铁丝上。钢丝上绑胶丝绳，每株番茄1根。胶丝绳下端可绑在番茄植株基部，也可在畦面沿行向拉一道固定胶丝绳用的拉线，将胶丝绳绑于其上。

2. 建造支架

（1）建造篱架

选择竹竿或木杆，长度依据番茄植株高度而定，无限生长型番茄及栽培期较长者支架要高些。在栽培行上每一株番茄基部外侧竖直插一根竹竿或木杆，顶部用铁丝或尼龙绳连接，以防倒伏。番茄多采用单干整枝方式，植株依附竹竿或木杆向上生长，每隔一段时间要绑缚1次。

（2）建造人字架

双高垄或平畦双行的栽培番茄，分别在两行番茄的植株外侧插竹竿，2根竹竿为一组，顶端绑在一起呈人字形，顶部用一根平直的竹竿将各个人字支架连接成一体。

（3）建造三脚架（四脚架）

双高垄或平畦双行栽培有限生长型番茄或栽培期较短番茄，选用竹竿或其他材料，插在植株基部外一侧的土壤中，相邻的3根或4根为一组，顶部绑缚在一起呈锥形。这种架比较坚固，很抗风。

（二）整枝

1. 单干整枝

只留主枝，而把所有的侧枝陆续全部摘除，留 4~8 穗果后摘心，也可不摘心，不断落蔓。这种整枝方式单株结果数减少，但果型增大，早熟性好，前期产量高，适合棚室各茬采用，尤其适宜留果少的早熟密植无限生长类型品种，也适合多穗留果、生长期长的温室越冬茬无限生长型番茄品种。

2. 双干整枝

除主干外，再留第一花序下生长出来的第一侧枝，而把其他侧枝全部摘除，让选留的侧枝和主枝同时生长。这种整枝方式可以增加单株结果数，提高单株产量。但早期产量及单果重均不及单干整枝。

3. 改良单干整枝

除主枝外，保留主茎第一花序下方的第一侧枝，留 1 穗果，其上留 2 片叶摘心，其余侧枝全部摘除。用这种方式整枝，植株发育好，叶面积大，坐果率高，果实发育快，商品性状好，平均单果重大，前期产量比单干整枝高。

（三）摘叶

摘除植株下部老叶，使植株最下部的叶片距离地面至少有 20cm 的距离。摘叶时应尽量从靠近枝干部位上切断叶片，不要留叶柄，果穗上的叶片不可摘除，以保证上层果实发育良好。之所以摘叶，是因为随植株生长下部叶片逐渐老化，且处于弱光环境下，光合能力降低，消耗量增加，成为植株的负担；老叶的存在还导致了植株郁闭，田间通风透光性变差；同时，由于这部分老叶大多与土壤接近，而土壤又是多种病菌的寄存场所，容易感染病害。

（四）绕蔓与落蔓

1. 绕蔓

通过缠绕让番茄的茎依附吊架攀援生长称为绕蔓。方法：一手捏住吊线，一手抓住番茄茎蔓，按顺时针方向缠绕。操作时要注意，如果田间有感染病毒病的植株，则应先对健康植株进行操作，然后再处理病株，以防把病株的病毒汁液传到健康植株上，田间操作后还要用肥皂水洗手消毒。

2. 落蔓

(1) 盘蔓

操作时，先将绑在植株茎基部的吊线解开，一只手捏住番茄的茎蔓，另一只手从植株顶端位置向上拉吊线（因为吊线是松开的，很容易被拉起来），将摘除了叶片的番茄植株下部茎蔓盘绕在地面上，然后再把吊线下端绑在原来的位置，这样生长点的位置就降低了。操作时注意不要折断茎蔓。由于下部茎蔓是盘曲的，称“盘蔓”。落蔓不仅给番茄提供了继续生长的空间，也能抑制长势，促进坐果。

(2) 平铺落蔓

放松吊绳顶端，直接将下部茎蔓平放在栽培行上，植株前端总保持一定的长度吊在尼龙绳上。

(五) 打杈与摘心

1. 打杈

依据预定整枝形式，摘除影响基本枝茎叶及果实透光性、长达 15cm 以上的侧枝。打杈过早，会影响根系发育，抑制植株的正常生长；打杈过晚则消耗养分，影响坐果及果实发育。打杈时，要注意手和剪枝工具的消毒处理，以免传染病害。当发现有病毒病株时，应先进行无病株的整枝打杈，后进行病株的整理，尤其要注意对手和工具用 70%酒精溶液消毒。打杈要在晴天进行，以利伤口愈合，防止病菌乘虚而入，引起病害。

2. 摘心

当植株长到一定高度、结果穗数达到预定值、植株生长接近栽培后期时，将其顶端摘除称为摘心。摘心可减少养分的消耗，使养分集中到果实上。摘心时间可根据植株生长势和季节而定，如植株生长健旺的可适当延迟摘心，植株生长瘦弱可提早摘心。摘心时，顶端花序上应留 1~2 片叶。

二、黄瓜植株调整技术

(一) 吊蔓

温室越冬茬黄瓜通常不像露地黄瓜那样采用竹竿支架的架式，而是多采用吊架形式。在缓苗后的蹲苗期间应及时吊蔓，方法是在每条黄瓜栽培行的上方沿行向拉一道钢丝（购买钢丝绳，将其拆散），钢丝不易生锈，而且有自然的螺旋，可以防止吊绳滑动。钢丝的南端可以直接绑在温室前屋面下的拉杆上。在温室北部后屋面的下面，东西向拉一道 8 号铅丝，将栽培畦上的钢丝北端绑在这道铅丝上面。

钢丝上绑尼龙线，每株黄瓜对应一根。尼龙线的下端的固定方法有多种，实践表明最好的方法是在贴近栽培行地面的位置沿行向再拉一道尼龙线，与栽培行等长，尼龙线两端绑在木橛上，插入地下，每个吊线都绑在这条贴近地面的拉线上。用手绕黄瓜茎蔓，使之顺吊线攀缘而上，称为绕蔓。所有植株缠绕方向应一致，黄瓜植株生长速度快，以后每隔几天要绕蔓一次，否则“龙头”会下垂。

还有一种固定方法是把吊线绑在植株茎基部，此法较有风险，一旦田间操作不慎容易将黄瓜连根拔起，而且捆绑时须注意不能帮得太紧。也可将每根尼龙吊线的下端绑在一段小木棍（如一次性木筷子）上，然后将木棍插在定植穴内。

（二）打杈摘叶去卷须

温室黄瓜多采用单干整枝方法，利用主蔓结瓜，所有侧枝要全部摘除。只有在栽培后期、拉秧之前，才可能利用下部侧枝结少量的回头瓜。

随着植株生长，下部叶片逐渐老化，且处于弱光环境下，光合能力降低，消耗量增加，成为植株的负担；老叶的存在还导致了植株郁闭，田间通风透光性变差；同时，由于这部分老叶与土壤接近，而土壤又是多种病菌的寄存场所，老叶的存在容易引发病害。基于这些原因，要及时摘除老叶。摘叶时要从叶柄基部将老叶掐去，所留叶柄不宜过长，以免留下的叶柄成为病菌的寄居场所和侵染入口，增加发病概率。在温室栽培环境下，没有必要利用卷须的攀援作用，保留卷须徒增养分消耗，所以应掐去。需要注意的是，如果田间有感染病毒病的植株，则应先对健康植株进行操作，然后再处理病株，不要将病株带毒汁液传到健康植株上。对带病植株进行操作后要用肥皂水洗手。

（三）绕蔓与落蔓

绕蔓就是将黄瓜主蔓缠绕在尼龙吊线上，操作时一手捏住吊线，一手抓住黄瓜主蔓，按顺时针方向缠绕。如果一个人管理一个温室，那么几乎每天都要绕蔓，几天不绕蔓，黄瓜龙头就会下垂。绕蔓的同时落蔓。

落蔓，又称盘蔓，黄瓜植株生长速度快，生长点很容易到达吊绳上端，为能连续结瓜，应在摘叶后落蔓。落蔓时，先将绑在植株基部的吊线解开，一只手捏住黄瓜的茎蔓，另一只手从植株顶端位置向上拉吊线（因为吊线是松开的，很容易被拉起），让摘除了下部叶片的黄瓜植株下部茎蔓盘绕在地面上，然后再把吊线下端绑在原来的位置，这样植株的生长点位置就降下来了，黄瓜就又有了生长的空间。也就是说，要向上拉线，而不是向下拉蔓。

黄瓜落蔓到底落到什么程度，一直是困扰种植者的问题，经验表明，整个植株地上部分保留16~17片叶最为适宜，多于这一数量就应摘叶落蔓。叶片过多植株郁闭，叶片过少光合面积小不利于高产优质。有些种植者为减少落蔓工作量，一次落蔓很多，是不可取的。

落蔓后，植株下部的没有叶片的茎盘曲在地面上，灰霉病、蔓枯病的病菌很容易从叶柄基部（节）的位置侵染，因此在喷药时同样要喷到。如果发现节部染病，可以用毛笔蘸浓药涂抹。

三、西瓜植株调整技术

西瓜整枝主要是让植株在田间按一定方向伸展，使蔓叶尽量均匀地占有空间，以便形成合理的群体结构。整枝方式因品种、种植密度和土壤肥力等条件而异，有单蔓、双蔓、三蔓和留蔓整枝等。

（一）单蔓整枝

只保留1条主蔓，其余侧蔓全部摘除。由于其长势旺盛，又无侧蔓备用，因此要求技术性强。采用单蔓整枝，通常果实稍小，坐果率不高，但成熟较早，适于早熟密植栽培。进行高密度栽植，利用肥水比较经济，西瓜果实重量占全部植株重量百分比高；缺点是费工，植株伤口较多，易染病，易形成空蔓。

（二）双蔓整枝

保留主蔓和主蔓基部1条健壮侧蔓，其余侧蔓及早摘除。当株距较小、行距较大时，主、侧蔓可以向相反的方向生长；若株距较大、行距较小时，则以双蔓同向生长为宜。采用双蔓整枝叶数较多、叶面积较大，雌花较多，主、侧蔓均能坐瓜，果实较大。

（三）三蔓整枝

除保留主蔓外，还要在主蔓茎部选留2条生长健壮、生长势基本相同的侧蔓，其他的侧蔓予以摘除。三蔓整枝又可分为老三蔓和两面拉等形式，老三蔓是在植株基部选留2条健壮侧蔓，与主蔓同向延伸；两面拉即2条侧蔓与主蔓反向延伸。三蔓整枝管理比较省工，植株伤口少，一旦主蔓受伤或坐不住瓜时，可再选留副蔓坐瓜。同时，只要密度适宜，有效叶面积大，同样的品种三蔓要比单蔓和双蔓整枝结瓜多或单瓜重量大、产量高。三蔓整枝叶数多，叶面积大，雌花多，坐瓜节位选瓜的机会多，瓜大，是露地栽培和晚熟品种常用的整枝方法。缺点是不宜高密度栽植，瓜成熟较晚。

（四）留蔓整枝新方法

当主蔓长到30cm左右时，选对称2个节位留2个侧蔓，在这之前的侧蔓全部除掉。这种整枝方法形成的新的主蔓和侧蔓分明，主蔓生长粗壮有力，2条侧蔓不结瓜，主要是进行光合作用制造养分，雌花开放时幼瓜大，瓜蒂长而粗，花冠大且雌蕊壮，瓜形端正，瓜个大，产量高。另外，还有一种整枝方法是当主蔓长到20~30cm时从根部掐掉，选留2个侧蔓，利用侧蔓结瓜。该方法在初期表现为植株生长较弱，但后期长势强劲有力，抗病性强，结瓜大而均匀、产量高；缺点是成熟较晚。

第二节　保花保果技术

一、菜豆落花落荚的原因与对策

（一）落花落荚的原因

菜豆发生落花落荚的原因是多方面的，很复杂，综合看主要有以下三个方面。

1. 生理因素

有人认为不论外界环境和栽培条件多好，多么适于菜豆正常生长发育，其坐荚率也不会达到100%。假设结荚率达到100%时，叶片光合作用所制造的有机营养就不能满足其植株荚果生长发育的需要。因此，菜豆会自行落下一部分花和幼荚，以减少营养消耗，协调植株营养的供需矛盾，使营养供需平衡。这是生理因素所致的自然落花落荚。

2. 营养因素

菜豆花芽分化较早，植株从幼苗期就开始进入营养生长和生殖生长的并进阶段。因营养生长和生殖生长争夺养分，会使花芽因营养不足而分化不完全、不正常，这样的花芽发育成的花朵则坐不住荚。开花初期也常因营养生长与生殖生长争夺养分而发生落花落荚。如果开花初期浇水过早，早期偏施氮肥，枝叶生长繁茂，到开花结荚盛期全株花序间、花与荚间争夺养分激烈，而导致晚开的花脱落。还有栽培密度过大、支架或吊架不当、田间郁闭、透光通风不良、光照不足、温度过高或过低、缺肥少水或浇水过多、病虫为害、采收不及时、光合物质积累减少等情况，均会导致花器营养不足，使花器发育不良而脱落。很多幼蕾在人们肉眼尚看不到的时候就已脱落了。因营养因素引致落花落荚，以开花盛期表现最普遍。

3. 授粉受精受阻

菜豆分白花和红花（紫红）两种类型，白花菜豆多数花朵为自花授粉，异花授粉只占0.2%~10%；红花（紫红）菜豆多数进行异花授粉，少数在个别情况下才进行自花授粉。温室越冬茬若用红花（紫花）品种，因温室内缺乏昆虫传粉，不能进行异花授粉，就会造成严重落花落荚。即使采用白花品种，在开花期遇28℃以上高温也会发生落花，30℃以上落花加剧，35℃以上落花率可达90%左右。已开的花和嫩荚遇高温也会脱离，即使坐住，荚内种子减少，荚形也不正。这是由于在高温条件下植株的同化物质主要运向茎叶而减少了对花和荚的供应。菜豆花粉保持生活力和花粉管伸长的温度范围为15~27℃，当低于13℃或高于28℃时，花粉生活力降低，花粉管伸长缓慢甚至不伸长，因而花朵会因不能受精而脱落。开花时土壤干旱、空气干燥，花粉早衰，柱头干燥，或土壤和空气湿度过大，花粉不能散发，均会使授粉受精不良而致落花落荚。光照弱，花期发育不好，也会落花落荚。温室越冬茬栽培，若保温措施不利，夜温低于13℃，或中午前后通风不及时，白天温度高于28℃，甚至高于30℃，均会导致落花落荚加重。

（二）防止落花落荚的对策

防止棚室菜豆落花落荚，要采取综合技术措施：一是调节好棚室温度，避免或减轻高温和低温的不良影响。依据菜豆各生育阶段所要求的适温，调节好温度，使棚室温度白天保持20~25℃，高于27℃即通风降温。下午盖草苫的时间，以盖草苫后4小时棚内气温不低于18℃、不高于20℃为标准，使夜间温度保持在15~18℃，凌晨短时最低气温不低于13℃。二是选用自花授粉率高的白花品种。三是加强肥水管理。用充分腐熟的有机肥和三元复合肥作基肥，基肥要施足。开花结荚期要适期追施氮肥，同时叶面喷施钼、锰微肥，并及时浇水，提高植株营养水平，满足茎叶生长和花器、荚果发育需要，缓解营养生长与生殖生长争夺营养的矛盾。采用地膜覆盖栽培减少水分蒸发，苗期和开花初期控水促使根系发育，确保植株营养生长良好而不徒长。四是合理确定种植密度，及时搭吊架或支架，以改善行间和株间透光通风条件，促进授粉受精。开花期喷洒5~25mg/kg萘乙酸溶液，每667m^{2}每次喷洒药水30kg左右。及时防治锈病、炭疽病、根腐病、枯萎病、细菌性疫病等病害和蚜虫、美洲斑潜蝇、茶黄螨、温室白粉虱等虫害，确保不因病虫为害而导致花荚脱落。

二、日光温室番茄蜜蜂授粉技术

利用蜜蜂授粉是当前温室果菜类蔬菜栽培的一项关键技术，普通菜农可以向当地养蜂户租借普通蜜蜂，效果很好。缺点是温度低了蜜蜂不出巢。

还有一种优良的授粉蜂即熊蜂，浑身密被绒毛，非常适宜授粉。熊蜂比普通蜜蜂更耐低温，温度达到8℃以上即出巢授粉，即使在冬季连阴天雨雪天也能授粉，且不受温室高湿环境影响。另外，与普通蜜蜂相比，熊蜂的趋光性弱，不会撞击棚顶，只会专心授粉。

蜂箱要夜间搬入温室，进温室时避免强烈振动，更不要倒置。蜂箱周围不能有电线、塑料等废弃物。蜂箱应置于凉爽处，放置在一个固定的地方，离开地面一定距离以防止蚂蚁等爬虫进入。熊蜂一进温室即可开始工作，熊蜂会在授过粉的番茄花的花瓣上留下肉眼可见的棕色印记（称“蜂吻”）。每个温室只需1箱熊蜂即可，可持续工作2个月。如在6000株番茄（单干整枝）区域内有50%花朵上留有爪印，则说明熊蜂在有效地工作。熊蜂对高温很敏感，气温高于30℃时活动即受影响，上午10时前后在蜂箱顶部放置一块浸透水的麻布，以后每隔2~3小时淋1次水。为防止熊蜂飞到温室外面，要在通风口处覆盖一层防虫网。

使用熊蜂授粉时须注意2个问题：一是如果剧烈振动或敲击蜂箱，熊蜂会攻击人；不要穿蓝色衣服，不要使用香水等化妆品，以免吸引熊蜂。二是谨慎使用农药，严禁使用具有缓效作用的杀虫剂、可湿性粉剂及含有硫黄的农药。可在黄昏时使用农药，此时熊蜂都已回到蜂箱里，用药前把蜂箱移出温室，翌日再非常小心地将蜂箱放回原来的位置，开口方向应与原来一样。

三、黄瓜化瓜的原因与对策

化瓜是指雌花形成后不能继续长成商品瓜，而是逐渐黄萎、脱落的现象，这样的雌花或幼瓜又称流产果。病瓜从开花处开始萎蔫、皱缩、凹陷，表面出现明显的棱和中空，即使幼瓜长度超过10cm，仍有可能化瓜。化瓜的根本原因是养分不足，或各器官之间互相争夺养分。在低温弱光等不利条件下，少量的化瓜是正常现象，是植株本身自我调节的结果。但如果是大量化瓜就属异常了。

（一）化瓜原因

导致越冬茬黄瓜化瓜的原因很多，主要包括：第一，低温弱光。前期遇到连阴天等低温弱光天气，植株会形成大量雌花，白天气温低于20℃，夜间低于10℃；光照不足，植株光合作用弱，制造的养分少，不能满足每个瓜条生长发育对养分的需求；土壤温度低，根系吸收能力弱，导致植株因“饥饿”而化瓜。第二，管理不当。大量施用氮肥，浇水过多，茎叶徒长，消耗大量养分，瓜条发育所需养分不足会导致化瓜。生殖生长过旺，雌花数目过多，瓜码过密，植株负担过重，养分供应不足，也产生化瓜。如果植株强健，管理技术高超，大量留瓜也是可以的，种植者要具体问题具体分析。第三，气体浓度不适。空气中二氧化碳含量为 0.03%，基本可以满足光合作用的需要。但冬季因棚室密封，放风晚，上午光合作用强烈，二氧化碳被迅速消耗，其浓度迅速降低至 0.01%以下，就很难满足光合作用的需要，致使有机营养不足，容易引起化瓜。

（二）防治对策

分析发生原因，采取相应对策防治。首先要改善环境条件，建造高标准温室，增强光照。为保证温室内最低光照需要量，只要室外气温不低于-20℃，即使阴天也应在中午前后短期揭苫，使植株接受散射光。有条件时，可安装农用红外线灯补光增温。叶面喷施 0.5%磷酸二氢钾+0.2%葡萄糖+0.2%尿素混合液。植物生长调节剂处理，如用 100mg/kg 赤霉素溶液喷花。针对生长失调引起的化瓜现象，应加强肥水管理，及时采瓜，特别是根瓜应及早采收，并及时摘除畸形瓜、疏除过密瓜。同时，还要注意抑制徒长。如因缺水缺肥化瓜，要增加浇水量、施肥量。

四、黄瓜套袋技术

（一）套袋的优越性

1. 预防病虫

黄瓜套袋，可防止害虫叮咬，防止病菌侵染。例如，黄瓜摘花后套袋还是一种防治灰霉病的方法，黄瓜摘花后使灰霉病菌失去最佳侵染部位，套袋阻隔了病原菌的入侵，从而使黄瓜灰霉病发病率显著降低。开花前及花开败前套袋及摘花是防治黄瓜灰霉病的最佳时期。摘花时间以上午 9 时后为宜，以利于摘花后伤口的愈合。

2. 提高商品性

套袋可以改善果实的商品品质，套袋黄瓜瓜条顺直美观，弯瓜率显著降低，粗细均匀一致，色泽嫩绿，商品性好，畸形瓜少；而且，套袋黄瓜鲜香脆嫩，基本保证了果实营养品质。

3. 提早上市

套袋黄瓜生长速度快，比未套袋黄瓜可提早 1~2 天上市。

4. 减少农药污染

套袋可以空间隔离污染源，提高果实的卫生安全品质。套袋后既避免了农药残留污染，又避免了害虫叮咬和病菌侵染，减少了农药用量，还能提高产量。

5. 延长贮藏期

套袋黄瓜采摘后，因为袋内有水汽存在，湿度大，所以贮藏期和保鲜期长，且耐运输。带袋采摘后，可连同袋一起包装上市，比未套袋的价格高。

（二）果袋选择

选择各种适用于棚室栽培黄瓜或水果型黄瓜的果袋。一是设施黄瓜专用果袋，为白纸淋膜袋，袋长 38cm、宽 10cm，果袋两侧封口，上下开口。二是长 30cm、直径约 7cm 的长筒形聚乙烯塑料袋。三是厚 0.008mm 的超薄可降解薄膜袋。四是蓝色聚氯乙烯薄膜袋，这种袋畸形果实最少，并且果实色泽鲜亮。果袋可重复使用 8～10 次。

（三）套袋方法

1. 防病套袋

套袋前要疏除裂瓜、病瓜、畸形瓜。对套袋黄瓜用甲基硫菌灵、多菌灵、异菌脲喷施，既可净化果实表面，又可预防病害。

2. 套袋时期

套袋适宜时期为坐果期，此时瓜长 5～6cm。套袋宜在晴天上午露水干后的 8-11 时和下午 2-5 时进行，避开中午高温期。

3. 套袋操作

袋体上端为套入口，套口宜小不宜大，下端留 1 个透气孔。套袋前，将果袋压边的两侧对折，先用嘴吹开袋口撑开果袋，以便透气，下端封闭的袋要在底部留出 1 个透气孔。将萎蔫的花瓣全部摘除，不得留有花瓣残痕。将黄瓜套进袋内，在瓜把处用嫁接夹固定袋口。整理纸袋，将袋体拉平即可，使其呈蓬起状态，以便通风透气。操作时要注意避免损伤幼瓜、瓜把和花蒂。这样，黄瓜便可在果袋的保护下生长，长出的黄瓜条直而不弯。

（四）套袋后管理

套袋黄瓜在栽培管理时应增施畜禽粪便、绿肥、作物秸秆、堆肥等优质腐熟有机肥，一般在播种或定植前 20 天施入土中。并根据土壤肥力、产量及不同时期吸肥状况，配施磷、钾肥及叶面喷肥，以改善黄瓜品质、减少套袋对果实品质的影响。控制氮肥用量，改进施肥方法，注意深施，施后盖土。基肥宜深施，追肥沟施或穴施。及时摘除老叶、病叶，雨后及时排水，加强病虫害防治，注意观察所套果实的长势，发现有破损的和在袋内受到病菌侵染的果实，要及时摘除和销毁。

（五）套袋黄瓜采收

因气温、品种、用途和当地消费习惯等不同，黄瓜的采收期有较大的差异，一般在开花后8~12d采收，结瓜初期2~3d采收1次，结瓜盛期隔天或每天采收1次。采收以早晨果温尚未升高时为宜，尽量不要擦伤瓜皮，轻拿轻放，忌受震动和挤压。采收的果实可平摆在竹篓或纸箱内。采收后可将果袋摘下重复使用，也可带袋采收作为高级礼品蔬菜上市。

五、设施黄瓜乙烯利促雌技术

（一）苗期乙烯利处理

现在很多黄瓜品种的节成性很强，不用进行乙烯利处理，而且乙烯利处理有时会打破黄瓜自身的营养生长和生殖生长的均衡性。但日光温室越冬茬、秋冬茬黄瓜育苗时，由于外界气温偏高，不利于雌花的形成，对有些品种可以进行乙烯利处理。可在嫁接成活后喷40%乙烯利水剂100~150mmol/kg溶液，每展开1片真叶喷1次，喷后观察幼苗症状，视情况喷1~3次。兑水方法是取40%乙烯利水剂3.75mg，加水15L（一喷雾器），可喷1.5万~2万株瓜苗，须注意喷到为止不可多用。如果用药量过大或用药浓度偏高，翌日即会出现症状，通常表现为下部叶片向下卷曲、皱缩，呈降落伞状；上部叶片向上抱合、皱缩，不能展开，严重时会出现花打顶形状，形成大量雌花；更严重时，幼苗生长会受到严重抑制，形成老化苗。还有两种极端的情况，如果将来幼苗雌花、雄花都不出现，则是由于浓度太高；如果仍然出现大量雄花而没有雌花，则是由于药剂失效造成的。

（二）生长期乙烯利处理

在定植后至拉秧前的整个生长期，喷施乙烯利是促进黄瓜植株形成大量雌花的重要手段，但这些雌花是否能坐瓜还要看肥水管理及环境因素。生产中，不提倡使用植物生长调节剂促进黄瓜形成大量雌花，因为植株坐瓜的数量取决于自身的能力，强行形成大量雌花往往会打破植株营养生长与生殖生长的平衡，不利于持续均衡结瓜。

冬茬黄瓜生长前期，由于环境温度偏高，植株下部雌花很少，有时植株上只有大量雄花，而没有雌花或雌花很少。在这种情况下可以喷乙烯利，但要注意掌握喷施时间和浓度，喷施浓度为130~150mmol/kg，也可按每毫升40%乙烯利水剂兑水4~5L计算，最多连喷2次，中间间隔7d。不同黄瓜品种对乙烯利浓度的反应有差异，种植者可逐年摸索对应所栽培品种的乙烯利最适宜浓度，积累经验。乙烯利处理要选择晴天下午4时后进行，把配制好的药液均匀喷在黄瓜叶片和生长点上，力求雾滴细微。

乙烯利用药量大、浓度高、间隔时间短时，会导致黄瓜植株上部各节出现大量簇生雌花。雌花过多且同时发育，会相互竞争养分，雌花虽然多，但能坐住的瓜有时反而更少。出现此种情况，要及时疏花，每节只保留 1 朵雌花（个别 2 朵），摘除其他所有雌花和雄花。

黄瓜喷施乙烯利后，雌花增多，几乎节节有雌花。但要使幼瓜坐住并正常发育，必须加强肥水管理，每 667m^2可追施三元复合肥 30kg，并配合叶面喷施 0.2%磷酸二氢钾+0.2%尿素混合液，喷 2~3 次。

六、提高黄瓜坐瓜率技术

喷乙烯利的作用是让植株出现大量雌花，但要让出现的雌花坐住瓜，还须采取很多措施，使用植物生长调节剂喷花或浸蘸瓜胎就是保证幼瓜坐住、连续刺激果实生长、防止化瓜的主要措施之一。常用的植物生长调节剂有 6-BA（植物细胞分裂素）、GA（赤霉素）、BR（芸薹素内脂）、PCPA（防落素）、CPPU（苯脲型细胞分裂素）等。处理方法：一般是在黄瓜雌花开花后 1~2d 浸蘸瓜胎或喷花，CPPU 的处理浓度为 5~10mmol/kg，BR 的处理浓度为 0.01mmol/kg，PCPA 的处理浓度为 100mmol/kg。还可以按一定的配方将植物生长调节剂混合处理，如 100mmol/kgPCPA+25mmol/kgGA、500~1000mmol/kg6-BA+100~500mmol/kgGA。

在保证黄瓜坐住的同时，这类药剂还有一个作用，就是能让黄瓜的花不开败、不脱落，即使到采收时花也能保持鲜嫩，让黄瓜获得顶花带刺的商品性状。有些公司针对植物生长调节剂的这一特性，将其做成商品出售，在生产中得到了广泛的应用，如“美吉尔鲜花王”“坐果鲜花王”等产品。这里以“坐果鲜花王”为例介绍其功用和使用方法。

“坐果鲜花王”的有效成分是 CPPU，使用后能快速膨果，瓜条顺直，顶花带刺，且鲜瓜期长。用法是，每瓶（100mL）兑水冬春季 2~2.5L，夏秋季 2.5~3L。在雌花开放当天或开花前 2~3d，兑好药液浸瓜胎或用小型喷雾器均匀喷瓜胎 1 次。处理后弹一下瓜胎，把瓜胎上多余药液弹掉，如果没有这个操作步骤，且药剂浓度偏高、药量大，容易形成大花头，逐渐形成多头瓜，后期形成大肚瓜。有些还导致子房发育异常，瓜组偏扁，后期可能形成畸形的双体瓜。大头花现象经常出现，因此商家和消费者将其作为区分黄瓜是否经过蘸花处理的标志。需要注意的是，在雌花未完全开放前使用，可延迟雌花开放，鲜花戴顶期长；最好在阴天或晴天早晚无露水时处理，避免强阳光或中午高温时使用，药液即配即用；从花到瓜柄全部浸泡 3~4 秒钟，没开花时浸泡，鲜花能保持较长时间；瓜胎受药一定要均匀，每株每次浸泡 1 个瓜胎最好；初次使用最好先做小面积试验，找出最佳的兑水量。

经过蘸花处理，几乎能百分之百保证坐住瓜，但要使瓜条发育起来还需要温度、肥水等条件的配合。在低温季节栽培黄瓜，种植者在肥水方面是不会吝惜的，限制黄瓜发育的关键主要在于环境条件，尤其是温度条件。如果温室建造不符合标准，保温性能差，或遇到寒流、连阴天等灾害天气，黄瓜同化产物少，植株不具备大量结瓜条件；而种植者却使用蘸花药剂，强行让瓜坐住，就会出现植株细弱，节间变长，叶片稀疏且叶面下卷，果实发育缓慢等症状。这种情况会极大地伤害植株，影响结瓜的连续性，降低后期产量。

第三节　蔬菜高效栽培模式

一、保温性差的日光温室瓜菜一年三熟栽培技术

设施蔬菜生产中，常遇到一些日光温室结构不合理，如墙薄（后墙和山墙厚度 70~80cm），脊高不足 2.8m，后屋面角度小（小于 30°），填充的保温材料少（30~40cm 厚），覆盖物棉被或草帘薄、质量差等，使日光温室保温防寒性能降低。尤其在寒冷的 12 月份至翌年 1 月份，温室内夜间温度下降到 10℃左右，若遇连续阴雪天气，外界气温在-16~-20℃，这时棚内气温只有 0~3℃、10cm 地温维持在 7~8℃，大部分喜温蔬菜会遭受冷害或冻害，导致生长不良甚至死亡。针对此类温室防寒保温性差的特点，将喜温蔬菜旺盛生长期安排在温暖季节，育苗或采收期安排在寒冷季节，可有效避免植株受冻而减轻损失。

（一）栽培季节

第一茬栽培小型番茄，品种为台湾农友千禧、碧娇、龙女、金珠等，可于 7 月上中旬育苗，8 月上中旬定植，11 月初采收，翌年 1 月中旬拔秧，每 667 m^2 产量 4000kg 左右。第二茬小型西瓜，品种为新金兰、宝冠、美王等，1 月初育苗，2 月初定植，4 月底至 5 月初采收，每 667m^2 产量 2500kg 左右。第三茬小型白菜，品种为小巧等，5 月初直接播种，7 月中下旬采收，每 667m^2产量 5000kg 左右。

（二）小型番茄栽培技术

1. 育苗

将未种过瓜菜的园田土 7 份、草炭 2 份、蛭石 1 份混合配制营养土，每 m^3 加三元复合肥 2kg、牛粪 10kg、30%多菌灵可湿性粉剂 100g、90%晶体敌百虫 60g，混匀过筛后配成营养土。

播前种子用10%磷酸三钠溶液浸泡20min，可预防病毒病，捞出后用清水冲洗干净，再用50℃温水浸种10min，继续用常温水泡种6~8h。处理好的种子放置在28~30℃条件下催芽。

把配制好的营养土铺在苗床上，厚10cm，浇透底水，待水渗下后，均匀撒播种子，覆盖营养土1cm厚，再用喷雾器喷湿表土，最后覆盖一层旧报纸保持苗床湿度。

育苗棚用旧棚膜覆盖遮光，白天棚内温度不能高于30℃。出苗前报纸干后，在纸上洒水保湿。出苗后揭取报纸，苗床表土发白时浇水，并用25%噻虫嗪水分散粒剂3000倍液防治白粉虱。当幼苗2~3片真叶时，用营养钵分苗。苗龄30d，6~7叶时定植。

2. 定植

定植前结合整地，每667 m^2 全面撒施充分腐熟牛粪10 m^3，或腐熟鸡粪5~6 m^3 于午后地面喷洒50%辛硫磷乳油500~700倍液，然后深翻30cm，按1.4m宽的间距划线。每667m^2 用油渣200kg、过磷酸钙50kg，混匀后撒施垄下。按垄宽70cm、沟宽70cm、垄高15cm起垄做畦，畦面铺好滴灌设备。没滴灌条件时，垄面开一条10cm深的暗沟，生长期可采用膜下灌溉。定植最好选晴天傍晚或阴天进行，采用双行定植，株距35cm，边栽苗边浇定植水。栽后用1.4m宽的地膜全膜覆盖，保持土壤湿度。生长前期为便于管理，可让幼苗在露地条件下生长。

3. 定植后管理

（1）肥水管理

定植后及时用50%辛硫磷乳油700倍液灌根1次，防止地下害虫为害。在浇完缓苗水后，连续中耕2~3次，此后保持土壤湿润或稍干，干旱缺水宜小水勤浇。第一穗果膨大时加大肥水供应，结合浇水每667m^2追施磷酸二铵10~15kg、硫酸钾5~10kg。为保证植株生长，可视生长情况再次追肥。进入10月中旬后控制浇水，加强通风，以防湿度过大引发病害。

（2）环境调控

当最低气温下降至15℃以下时扣棚膜保温，10月底覆盖棉被或草苫，做好越冬准备。白天棚温控制在25~28℃、夜间15~20℃，超过30℃通风，降至20℃关闭通风口，15℃时盖棉被保温。12月份气温急剧下降，此时大部分果实将进入成熟期，管理上以保温为主，尤其是阴雪天大幅度降温时，棉被迟揭早盖，并清扫棚面灰尘，增加光照，以防止冻害。

（3）植株调整

小型番茄植株调整非常重要，在株高30~40cm时吊秧，采用单干整枝，只留主干，摘除所有侧枝，侧枝长不能超过10cm，以减少养分消耗。及时去掉下部老叶、病叶和黄叶。拉秧前40~50d，在顶部果穗上方保留2片叶摘心。开花期用30~40mmol/kg防落素溶液处理保果，每隔3d喷1次。在整个生长期加强对灰霉病、晚疫病、棉铃虫、白粉虱、斑潜蝇的防治。

（三）小型西瓜栽培技术

1. 育苗

采用电热温床育苗。先将苗床整平，然后按10cm间距布电热线，苗床靠边处可缩小到8cm，在布好的电热线上盖细土2~5cm厚。营养土按未种过瓜菜的园田土7份、充分腐熟的农家肥3份配制，每m^3加三元复合肥1kg、50%多菌灵可湿性粉剂100g。将装好营养土的营养钵整齐排放在电热床上。

将种子放入55℃温水中不断搅拌，待水温下降至常温时浸泡种子4~6h，捞出后用潮湿棉布包裹，放在电热毯上，温度保持28~30℃催芽。

播种前1天，营养钵浇透水，密闭棚室通电提温。每钵播发芽种子1粒，播后盖土，再盖地膜，保温保湿。出苗前床温白天保持28~30℃、夜间15~20℃。出苗后揭膜，床温白天降至25~28℃、夜间15~18℃，并注意通风，清扫棚面灰尘，增加光照，以防形成高脚苗。一般晴好天气，白天断电、夜晚通电；阴雪天可昼夜通电，育苗后期降温炼苗。湿度管理宜干不宜湿，表土发白时于晴天中午浇小水，浇水后加强通风，降低湿度。待幼苗苗龄30d、4~5片真叶时定植，定植前用50%甲基硫菌灵可湿性粉剂1500倍液灌根，并用1.8%阿维菌素乳油2000倍液叶面喷洒防治斑潜蝇，以防将病虫带入大田。

2. 定植

前茬小番茄收完后，及时清理枯枝败叶，用50%多菌灵可湿性粉剂500倍液+50%辛硫磷乳油800倍液对地面喷雾，消灭地面病菌虫卵。当10cm地温稳定在10℃时，选晴天双行定植，株距40cm。为避免地温下降，定植后穴内浇水2次，水渗下后封窝。缓苗期1周内不通风、不浇水，缓苗后白天温度保持25~28℃、夜间15~18℃，超过30℃通风。以后随着气温升高，逐渐加大通风量。

3. 定植后的管理

（1）肥水管理

定植后在距秧苗10~15cm处开沟追肥，每667m^2追施充分腐熟农家肥2000~2500kg，并将垄沟深翻松土20cm厚，然后浇水促进伸蔓生长。若开花前土壤干旱，浇小水促进开花结果，开花后不浇水。待西瓜果实直径5~15cm，结合浇水每667m^2追施磷酸二铵10~15kg、硫酸钾10kg，此后保证充足的水分供应。采收前10天停止浇水，以防品质下降。

（2）植株调整

采用双蔓整枝，主蔓用绳吊起，侧蔓爬地生长，在瓜蔓 11~12 节留瓜。一般第一朵雌花结的瓜小不留，留第二和第三雌花的瓜。采用人工授粉可提高坐瓜率，在上午 8-10 时雌花开放时进行人工授粉，每天 1 次直到每株坐瓜为止。授粉期间用同种颜色的毛线，挂在瓜码处标记授粉日期。西瓜拳头大小时，每株保留形状较好的瓜 1 个，并采用落蔓的方法将西瓜落在垄面，瓜秧仍吊起生长，或不落蔓用网袋将瓜托起吊在铁丝上以防坠落。瓜蔓 28~30 片叶时摘心。以后再发出的侧枝不摘心。

（3）病害防治

及早防病。定植后用 50% 甲基硫菌灵可湿性粉剂 1500 倍液，或 50% 多菌灵可湿性粉剂 500 倍液连续灌根 2~3 次，可有效防止根部病害发生。

4. 采收

小型西瓜花后 30d 左右成熟。因皮薄、含糖量高，过熟时易裂瓜。成熟期可按人工标记的时间，于午后统一采收。

（四）小白菜栽培技术

西瓜拔秧后，清理棚室，取掉棚膜，于午后地面喷洒 50% 辛硫磷乳油 700 倍液。按每垄 3 行、株距 30cm 挖穴，每 667m^2 穴施硫酸铁 5~8kg，将肥料与穴内土壤拌匀，然后浇水播种。

白菜出苗后加强管理，垄沟内连续松土、先深后浅，及早间苗和定苗。土壤见干就浇，一般 5~7d 浇 1 次小水，先降温保苗。注意不宜大水漫灌，以防发生软腐病。莲座期结合浇水 667m^2 追施人粪尿 1000~1500kg，以保证莲座叶迅速生长。结球期需水需肥量大，可在距植株 15cm 处穴施三元复合肥 20kg，然后加大浇水量，以满足包心期对肥水的需求。

主要病害有病毒病、软腐病，主要害虫有射虫、菜青虫、菜蛾、小地老虎等，应采用对应的低毒高效农药及早防治。

二、北方塑料大棚甜瓜一年两茬种植技术

（一）选地建棚

选择地势平坦、土质肥沃、有井灌条件、前茬没用过莠去津等除草剂的地块建棚，最好选择葱蒜、玉米、谷子等作物为前茬。全部采用钢筋结构塑料大棚，每棚面积 500m^2。

（二）整地施肥

棚内最好做成南北垄，垄距60~65cm。结合整地每667m²施优质农家肥5000~6000千克、甜瓜专用肥或三元复合肥50千克、硫酸钾20千克、钙镁磷肥10千克。浇透水后每两垄覆盖一幅宽1.2米的地膜。

（三）选择品种

春季大棚栽培甜瓜应选择早熟、高产、抗病、含糖量高、耐低温的品种。目前，可选用的品种有金妃、超级超早糖王、彩虹糖王等。

（四）培育壮苗

1. 种子处理

为了确保播种后出苗整齐和达到防病的目的，对没有包衣的种子要进行晒种、消毒、浸种和催芽。将精选后的种子置于阳光下晾晒3~5d，有杀灭病菌和促进种子后熟的作用。浸种前，先在容器中倒入5倍于种子量的55℃热水，将种子倒入热水中，按一个方向不断搅拌，保持恒温15min左右，可杀死附着在种子表面及潜伏在种子内部的病菌，然后加适量凉水继续搅拌降至室温时浸种8h左右。也可用药剂浸种，即1L水加50%甲基硫菌灵可湿性粉剂或64%噁霜·锰锌可湿性粉剂2g浸种2~4h，捞出用清水洗净药液，再用温水浸种。将浸好的种子捞出，沥干水分后催芽。

采用保温瓶催芽法，既省力又出芽整齐。方法是将毛巾用开水消毒后拧干，把浸好的种子均匀平铺在毛巾上卷起，用细线捆牢；保温瓶内放入温开水（28~30℃）3~4cm深，将捆好的毛巾吊在保温瓶内水的上方（注意毛巾不能沾着水），吊毛巾的线用瓶塞压住。这样在均匀的温度条件下，经20h左右种子即可整齐地露白，此时为最佳播种时期。

2. 营养土配

制用腐熟有机肥和田土按2∶3的比例混合并捣碎、过筛，在每立方米混合土中加入研碎的磷酸二铵1kg、生物钾肥2kg，若土壤黏重应加适量的细煤灰。将肥土混拌均匀，装钵前1d喷湿闷好，以手攥成团、落地可散为标准。

3. 苗床准备

采用温室营养钵育苗，播前15~20d扣膜暖地，有条件的最好将营养钵摆放到聚苯乙烯泡沫塑料板上。播前10d加盖草苫（或棉被）生火加温，同时做好育苗棚消毒及床土清毒，每667m²可用40%百菌清烟剂250g和17%敌敌畏烟剂200克熏蒸1次，封闭3~5d

（将配好的床土及营养钵、生产用具等都同时放在育苗棚内熏蒸），然后将床土装钵备用。

4. **播种**

3 月 10 日左右选晴天播种，苗龄 28~30d。播种时要注意播种深度，覆土厚度 1cm 为宜，种子要平放，不要芽向上或向下放置。用 30%噁霉灵水剂配制药土上覆下垫，或覆土后喷 1 次 72.2%霜霉威水剂 600 倍液，然后覆盖地膜。营养钵表面放温度计，温度以 28~30℃为宜，夜间尽量不要让温度下降太多，这样 2~3d 即可出苗。

5. **苗期管理**

（1）温度管理

播种后出苗前，室内白天温度保持 28~30℃、夜间 18~20℃，10cm 地温保持 20℃左右。出苗后至第一片真叶出现前，棚内温度白天保持 22~25℃、夜间 15~16℃，以防止幼苗徒长。第一片真叶出现后，棚内白天温度 30℃左右，促进秧苗生长发育。定植前 7~10d 进行炼苗，逐渐加大通风量，控制浇水量，锻炼幼苗的抗旱、耐低温能力。

（2）水分管理

播种时浇透水，出苗前不浇水。第一片真叶出现后若床土干旱应适当浇水。有寒流到来或阴雨天不浇水，浇水应在上午 9 时之前完成。整个育苗期应浇 20℃左右的温水，不能浇刚出井的凉水，遵循不旱不浇、每浇必透的原则。齐苗后喷一次 30%噁霉灵水剂 600 倍液预防猝倒病。当苗长到两叶一心时喷一次 80%乙蒜素乳油 1500 倍液。之后，喷 0.3%磷酸二氢钾溶液，促进花芽分化。

（五）定植

当 10cm 地温稳定在 12℃以上时即可选晴天定植，一般 4 月 10 日前后定植，株距40~45cm。定植时要避免出现覆土不严的现象，否则不利于发根缓苗，影响成活率，同时要浇透定植水。栽植深度以垄面和钵面齐平为好。

（六）田间管理

1. **温度及肥水管理**

定植后 5~7d 为缓苗期，此期主要技术环节是保温，棚内温度不超过 35℃不通风。缓苗后要适当降温。从缓苗期到开花期需水量较大，发现干旱及时浇水，浇水应在上午 9 时之前进行，以见干见湿为准，不能大水漫灌，棚内温度控制在 25℃~30℃。果实膨大期及成熟期，白天温度保持 28~35℃、夜间 15~18℃，保持 12℃以上的昼夜温差。在做垄施足基肥后，发棵期浇水要施入适量的冲施肥，以复合型液体有机肥为佳，而果实膨大期以冲施钾肥为主。发棵期浇水要透，果实膨大期以中水为主，其他时期不旱不浇。盛果期少浇或不浇水，以提高甜瓜的品质。定植后每 7~10d 喷一次甜瓜专用叶面肥，直到收获。

2. 植株调整

整枝要在晴天上午进行，及早摘除 2 片子叶叶腋内长出的腋芽。为了抢早上市，选留一条壮蔓作为主蔓，主蔓留 4~5 片真叶摘心会抽出 4~5 条子蔓。子蔓 1~2 节有瓜的，瓜坐住后子蔓留 3~4 片叶掐尖。如果子蔓 1~2 节无雌花，要留 1~2 片叶掐尖，待长出孙蔓结瓜。每株要保留功能叶片 25 个左右。

3. 人工辅助授粉

早春气温低，自然条件下化瓜多，必须进行人工辅助授粉或喷防落素，以提高坐果率。人工辅助授粉最佳时间为上午 9-11 时，用毛笔蘸雄蕊花粉抹雌蕊柱头，授粉要在没有露水时进行。也可在雌花开放前 1 天上午 8-10 时用防落素喷幼瓜，要严格掌握使用浓度，注意随着温度的升高而降低使用浓度，切记不要喷在茎叶上。有条件的最好每棚放 2 箱蜜蜂，蜂媒传粉甜瓜品质更佳。

（七）采收

5 月末至 6 月初开始采收，6 月下旬拉秧。春茬甜瓜拉秧后，及时清除棚内残枝落叶及地膜，关闭所有通风口，高温闷棚 10~15d，可起到杀菌、灭虫作用，为秋茬做准备。

（八）秋茬栽培关键技术

1. 育苗

对于重茬种植的甜瓜，为防枯萎病等病害发生，最好采用嫁接育苗。用白子南瓜作砧木，甜瓜作接穗。甜瓜 6 月 10-15 日播种，在营养钵内先播砧木种子，过 10d 左右播接穗种子。当砧木一叶一心、接穗 2 片子叶拉平真叶露尖时开始嫁接。采用插接法，先去掉砧木的生长点，再用削好的竹签顺子叶扎透下面茎（斜插），接穗在距子叶 1cm 左右处下刀，削成楔形，插入砧木孔内。嫁接后马上扣上小拱棚，棚内温度控制在 28~30℃，空气相对湿度控制在 95%以上。嫁接后 3 天内要用覆盖物遮阴，之后逐渐撤掉。5~7d 逐渐通风，嫁接成活后恢复正常苗期管理。

2. 整地施肥

秋茬棚内要重新打垄、施肥。一般每 667m^2 施优质农家肥 4000~5000kg、三元复合肥 30~40kg、硫酸钾 30~40kg，同时配合使用重茬剂或其他土壤消毒剂。打垄浇水后覆盖地膜。

3. 定植

7月15-20日定植，密度及方法参照春茬。8月中下旬开始采收，9月中下旬拉秧。其他棚内管理参照春茬。

三、塑料大棚春马铃薯、夏芹菜、秋番茄栽培模式

利用塑料大棚进行蔬菜栽培，通过合理安排蔬菜茬口，实行一年多茬栽培，可以提高塑料大棚利用率，增加经济效益。下述塑料大棚春马铃薯、夏芹菜、秋番茄一年三熟高产高效栽培模式，各地可根据当地气候条件，调整播期，选择当地适宜品种，加以应用。

（一）茬口安排

春马铃薯于12月下旬至翌年1月上旬播种，采用大棚加地膜覆盖栽培模式，4月下旬至5月上旬收获；夏芹菜于5月下旬定植，8月中旬收获；秋番茄于8月下旬定植，10月中旬始收。

（二）春马铃薯栽培技术

1. 品种选择

选用优良脱毒品种费乌瑞它、郑薯5号等，其优点是商品性好、早熟、产量高。

2. 浸种催芽

于播种前15d将种薯切块催芽，单薯重在20g以上、带1~2个芽眼，每667m^{2}种薯用量为190kg。将切块种薯放入50%多菌灵可湿性粉剂500倍液中浸泡20~30min，捞出堆闷6~8h后，再用5~10mmol/kg赤霉素溶液浸泡5~10min，捞出放在阴凉处摊晾4~8h，然后放入避风向阳的塑料小拱棚内催芽。催芽方法：先在棚内地面上铺10cm厚的湿沙，上面摆放种薯块，芽眼朝上，然后用沙土盖住薯块，依此方式放置2~3层，最后拍紧床面，加盖薄膜保温，床温保持25~28℃，并保持床土湿润，待芽长1~2cm时移栽。于移栽前3~4d，将发芽的薯块按芽长分类整理，然后放在散射光下晾晒炼苗，温度保持10~15℃。通过炼苗可使薯芽粗壮，色泽变绿，不易被碰掉，抗逆性增强。

3. 整地播种

塑料大棚应建在土层深厚、质地疏松、排灌方便的中性沙壤土地块上。整地时，每667m^{2}施腐熟有机肥5000kg、三元复合肥150kg，深翻30cm，耙细后按80~85cm宽画线做畦，畦面宽55~60cm。每畦栽2行，株距30cm，按三角形栽植，播种深度为10cm左右，每667m^{2}栽5500株左右。播前浇足底水，播种覆土后，用72%异丙甲草胺乳油

100mL 加水 50L 喷雾防草，然后覆盖地膜即可。

4. 温度管理

播种后至出苗前一般密闭不通风，棚内温度保持在 20℃左右，夜间不低于 10℃，以促进其尽快出苗。出苗后及时破膜放苗，以防烧苗。苗期晴天揭开棚膜，以增加光照，夜间盖好，阴雨天不揭膜。棚温控制在 20℃左右，超过 30℃时及时通风降温。气温较低时，可在中午 12 时至下午 2 时通风，以后发展为上午 10 时至下午 4 时通风。3 月下旬外界气温升高，可逐步变为全天通风。

5. 肥水管理

播种前一次性施足基肥，生育期内不再追肥。在薯块膨大期，叶面喷施叶面肥或磷酸二氢钾可提高产量。发棵期，土壤湿度应保持在土壤最大持水量的 70%～80%；开花期，水分供给必须充足；结薯期，浇水只需达到垄沟深度的 1/3 即可。

6. 病虫害防治

病害主要是晚疫病，多在花期前后发生，应注意通风换气，降低棚内湿度。发现病株及时拔掉，并用 25%甲霜灵可湿性粉剂 800 倍液喷雾防治。防治蛴螬等地下害虫，可在播种时用 90%晶体敌百虫 0.5kg 与细土 35kg 混匀撒施在播种穴内；防治蚜虫，可用 25%溴氰菊酯乳油 2500 倍液喷雾。

7. 适时收获

当植株大部分茎叶由黄绿色转为黄色，薯块发硬、表皮坚韧，与块茎相连的匍匐枝干枯易脱落时即可采收。一般于 4 月下旬陆续采收，采收宜在晴天进行，以便于贮运。生产中应根据市场行情的变化确定大量上市期，以获得高产高效。

（三）夏芹菜栽培技术

1. 做苗床

苗床应选在地势高、排水方便、保水保肥性好、光照充足的田块。本着栽大苗、壮苗的原则，一般定植 667m^2大田需苗床 67m^2，做成宽 1m 的畦。

2. 品种选择

选用 FS 西芹 3 号品种，其优点是高产、抗病、耐热性强、适应性广。

3. 播种

夏季芹菜最适宜的播种期为 3 月中下旬。播种前先催芽，方法是：将种子放入 20～25℃水中浸泡 10～12h，用清水搓洗干净（洗种次数不得少于 6 遍），捞出后用湿布包好放在 15～20℃条件下催芽（超过 25℃种子不发芽），待 60%种子萌芽时即可播种。播种前先浇足底水，待水渗下后，将种子均匀撒播于床面上，覆盖 0.5cm 厚的细土，再用地膜覆盖畦面。待种子发芽出土时，及时揭去地膜。

4. 苗期管理

（1）温度管理

芹菜出苗的适宜温度为 15～20℃，当苗床温度超过 25℃时，要用遮光率 70%的遮阳网遮阴降温。

（2）间苗

当幼苗长出 1 片真叶时进行间苗，疏除过密苗、病苗和弱苗，保持苗距 2～3cm 见方。结合间苗拔去田间杂草。

（3）肥水管理

苗期保持床土湿润，应小水勤浇。当幼苗长出 2～3 片真叶时，结合浇水每 667m^2 随水冲施碳酸氢铵 10～15kg。苗期每 667m^2 用磷酸二氢钾 200g 兑水 30L 喷洒叶面，共喷施 2 次。

（4）壮苗标准

苗龄 50～60d，株高 15～20cm，具有 5～6 片真叶，叶色浓绿，根系发达，无病害。

5. 整地定植

（1）整地施肥

一般每 667m^2 定植田施优质腐熟猪圈粪 5000kg、尿素 50kg、硫酸钾复合肥 20kg、硼肥 5kg，深翻后做成 1.2～1.5m 宽的平畦。

（2）定植方法

夏芹菜由于生育期短，应适当密植，一般以行距 20cm、株距 15cm 为宜，每 667 m^2 之定植 22 000 株左右。栽苗时要浅栽，切忌埋心，栽后随即浇水。

6. 田间管理

（1）中耕除草

定植后至封垄前中耕 2～3 次，清除田间杂草，缓苗后视植株生长情况蹲苗 7～10d。

（2）肥水管理

浇水原则是保持土壤湿润，在植株生长旺盛期保证水分供给。待株高 25～30cm 时，结合浇水每 667m^2 追施尿素 20kg。上市前 15 天左右，用 1g 赤霉素原粉兑水 50L 喷洒叶面 1～2 次，以加速植株生长。由于夏芹菜生长期处在高温季节，因此要采用遮光率为 75%的遮阳网遮阴降温，以满足芹菜生长的需要。

7. **病虫害防治**

斑枯病用50%多菌灵可湿性粉剂500倍液，或75%代森锰锌可湿性粉剂400倍液喷雾防治。疫病用72%霜脲·锰锌可湿性粉剂600倍液，或47%春雷·王铜可湿性粉剂500倍液喷雾防治。软腐病发病初期用72%硫酸链霉素可溶性粉剂1000~1200倍液喷雾防治，每隔7~10d喷1次，连喷2~3次。蚜虫用50%抗蚜威乳油2000倍液，或10%吡虫啉可湿性粉剂4000倍液喷雾防治。

8. **收获**

进入8月上中旬，当芹菜长到50cm高以上时，可根据市价情况陆续收获。

（四）秋番茄栽培技术

1. **品种选择**

根据秋番茄生长前期高温多雨、后期又急剧降温的气候特点，选用中晚熟品种金冠、金棚1号，其优点是耐热、抗病、耐贮藏。

2. **播种**

育苗大棚栽培一般于7月下旬至8月上旬播种，早播易得病毒病；晚播则后期低温影响果实成熟，使产量降低。育苗期间，为防止雨涝、暴晒和病毒病危害，应将苗床设置在高燥处，并做高畦，搭荫棚，使用穴盘基质育苗。育苗期间不移苗，当苗龄达到20~25d、秧苗具有3~4片叶时为定植适期；若使用大苗定植，则伤根重，病害重。

3. **整地定植**

定植前将田块深翻晾晒，每667m^2施腐熟有机肥5000kg、尿素20kg、磷酸二铵20kg、硫酸钾40kg，深翻整地后按80cm宽划线做畦，畦面宽50~60cm，每畦定植2行，株距35cm，每667m^2定植2500~2800株。

4. **定植后管理**

（1）温度管理

大棚秋番茄定植时外界温度高，定植前要扣好棚膜并掀开四周裙膜，只留顶部棚膜防雨、遮强光。定植后昼夜大通风，当外界夜间温度降到15℃以下时，夜间停止通风，白天温度控制在25~30℃、夜间15~17℃。10月下旬全棚扣严后，只在中午通风排湿。

（2）肥水管理

定植后2~3d，土壤墒情适宜时及时中耕松土。缓苗后可浇1次水，以后为防止徒长应少浇水。随后进行浅耕、蹲苗，直到第一穗果长到核桃大小时再追肥浇水，追肥时可增施一些硫酸钾。10月上旬以后，为降低棚内湿度，应停止浇水。果实膨大期再喷施一些叶面肥。

（3）植株调整

大番茄采用单干整枝法，一般留5~6穗果，每穗留3~4个果形周正的果实，于9月中旬左右打顶。樱桃番茄采用双干整枝法，除保留主干外，再保留第一花序下第一叶腋抽出的侧枝，其他侧枝全部去掉。

（4）药剂处理

开花期，用2.5%防落素喷花。当棚内气温低于15℃时使用浓度为40~50mmol/kg，棚内气温高于15℃时使用浓度为30mmol/kg，每隔5~7d喷1次，可保花保果。

5. 病虫害防治

秋番茄栽培应注意防治病毒病，除选用抗病品种、适期播种、采用营养钵育苗和选用无病苗定植外，提前扣棚能明显减少射虫数量。发现病株应及时拔除，并用肥皂水洗手后补栽。发病时每667m^{2}用20%吗胍·乙酸铜可湿性粉剂170~250g兑水50~70L喷雾防治，每隔7~10d喷1次，共喷2~3次。

秋番茄生长后期须注意预防番茄叶霉病、灰霉病、晚疫病等真菌性病害的发生，防治方法除调节适宜的温湿度外，还应结合进行化学防治。灰霉病和晚疫病在发病初期可用75%代森锰锌可湿性粉剂500~600倍液，或50%多菌灵可湿性粉剂500倍液喷雾防治；后期交替用72.2%霜霉威水剂800~1000倍液，或58%甲霜·锰锌可湿性粉剂800倍液喷雾防治，一般每隔7~10d喷1次，连喷3~4次。叶霉病可用50%硫黄-多菌灵悬浮剂700~800倍液，或30%异菌脲可湿性粉剂1500倍液喷雾防治。

6. 采收与贮藏

由于不使用催熟措施，可以尽量延迟采收，以提高商品质量和价格。第一穗果采收期在播后90d左右，以后气温降低、光照不足，果实成熟缓慢。棚内温度降到5℃以下，就要采收全部果实。采收后用筐装起来，放在温室或暖和的屋内进行贮藏，待果实着色后再陆续上市。

参考文献

[1] 穆平．高级作物育种学［M］．北京：科学出版社，2022.

[2] 孙其信．作物育种理论与案例分析［M］．2 版．北京：科学出版社，2022.

[3] 王景雪．农作物精准育种关键技术及实践［M］．北京：中国环境出版集团，2022.

[4] 李春龙，韩春梅．特种经济作物栽培技术微课版［M］．2 版．成都：西南交通大学出版社，2022.

[5] 张奂，吴建军，范鹏飞．农业栽培技术与病虫害防治［M］．汕头：汕头大学出版社，2022.

[6] 张明龙，张琼妮．农作物栽培领域研究的新进展［M］．北京：知识产权出版社，2022.

[7] 艾玉梅．大田作物模式栽培与病虫害绿色防控［M］．北京：化学工业出版社，2022.

[8] 刘茜，李辉，张颖君．作物传统育种与现代分子设计育种［M］．长春：吉林科学技术出版社有限责任公司，2021.

[9] 席章营，陈景堂，李卫华．作物育种学［M］．2 版．北京：科学出版社，2021.

[10] 武维华．作物育种学各论［M］．2 版．北京：科学出版社，2021.

[11] 许立奎，赵光武，吴伟．种子生产技术［M］．北京：中国农业大学出版社，2021.

[12] 张颖君，刘茜．分子标记在品种培育中的应用研究［M］．长春：吉林科学技术出版社有限责任公司，2021.

[13] 胡云宇，许彦蓉．绿豆优质丰产栽培技术［M］．长春：吉林科学技术出版社，2021.

[14] 徐克东．保护地蔬菜作物病虫害防治研究［M］．北京：科学技术文献出版社，2021.

[15] 张福锁，李春俭．镁营养及其对作物产量和品质的影响［M］．北京：中国农业大学出版社，2021.

[16] 李正名．中国特有谷子作物科技的创新前沿［M］．天津：南开大学出版社，2021.

[17] 张卫建，张俊，张会民．稻田土壤培肥与丰产增效耕作理论和技术［M］．北京：科学出版社，2021.

[18] 郭世荣，束胜．设施作物栽培学［M］．2 版．北京：高等教育出版社，2021.
[19] 谷淑波，宋雪皎．作物栽培生理实验指导［M］．北京：中国农业出版社，2021.
[20] 王海波，戴爱梅．新疆农作物栽培技术［M］．3 版．北京：中国农业大学出版社，2021.
[21] 顾国伟，周红梅．浙东地区主要粮油作物栽培技术［M］．北京：中国农业科学技术出版社，2021.
[22] 杨文钰，屠乃美．作物栽培学各论［M］．3 版．北京：中国农业出版社，2021.
[23] 王长海，李霞，毕玉根．农作物实用栽培技术［M］．北京：中国农业科学技术出版社，2021.
[24] 姜超，何恩铭，黄永相．作物育种学［M］．成都：电子科技大学出版社，2020.
[25] 王家顺．作物育种实训指导［M］．武汉：华中科技大学出版社，2020.
[26] 杜红．作物育种技术［M］．北京：中国农业出版社，2020.
[27] 樊景胜．农作物育种与栽培［M］．沈阳：辽宁大学出版社，2020.
[28] 汪黎明，孟昭东，齐世军．中国玉米遗传育种［M］．上海：上海科学技术出版社，2020.
[29] 罗俊杰，欧巧明，王红梅．现代农业生物技术育种［M］．兰州：兰州大学出版社，2020.
[30] 胡滇碧．特色经济作物栽培与管理［M］．昆明：云南大学出版社有限责任公司，2020.
[31] 缑国华，刘效朋，杨仁仙．粮食作物栽培技术与病虫害防治［M］．银川：宁夏人民出版社，2020.
[32] 徐钦军，董建国，王文军．粮油作物栽培技术［M］．北京：中国农业科学技术出版社，2020.
[33] 向理军，雷中华，贾东海，等．新疆特色油料作物栽培［M］．北京：中国农业科学技术出版社，2020.
[34] 梁艳青．大田作物栽培管理技术问答［M］．北京：中国大地出版社，2020.
[35] 卜祥，姜河，赵明远．农作物保护性耕作与高产栽培新技术［M］．北京：中国农业科学技术出版社，2020.
[36] 张亚龙．作物生产与管理［M］．北京：中国农业大学出版社，2020.
[37] 姚文秋．经济作物生产与管理［M］．北京：中国农业大学出版社，2020.